跨境数据流动

全球治理趋势与我国规制策略

张丽 孙菲阳 主编

电子工业出版社
Publishing House of Electronics Industry
北京·BEIJING

内 容 简 介

数字经济时代，数据已经成为国家的重要战略资源，已经成为国家核心竞争优势的关键要素。近年来，随着数字经济的迅猛发展，数据的跨境流动规模呈指数量级增长，对全球经济的贡献度也引人瞩目。跨境数据流动已成为关系各国政治、经济、社会的核心议题。全球主要经济体已经围绕跨境数据流动所涉及的重要议题出台规制方案，并积极参与国际规则制定。在此背景下，我国积极构建数据治理体系，同时跨境数据流动规制也面临挑战。如何在数据安全和自由流动之间实现平衡，考验着我国的社会资源管控能力和现代网络综合治理能力。本书从数据和跨境数据流动的基本概念入手，分析了数字贸易的发展态势及其对跨境数据流动的影响，梳理了全球治理趋势、主要国家规制思路和我国跨境数据流动规制现状，尝试提出适合我国国情和发展需要的规制建议。本书适合数据治理领域研究人员、从业人员和感兴趣人士阅读参考。

未经许可，不得以任何方式复制或抄袭本书之部分或全部内容。
版权所有，侵权必究。

图书在版编目（CIP）数据

跨境数据流动：全球治理趋势与我国规制策略 / 张丽，孙菲阳主编. —北京：电子工业出版社，2022.5
ISBN 978-7-121-43297-2

Ⅰ. ①跨… Ⅱ. ①张… ②孙… Ⅲ. ①数据管理－研究－中国 Ⅳ. ①TP274

中国版本图书馆 CIP 数据核字（2022）第 064752 号

责任编辑：徐蔷薇　　　特约编辑：劳嫦娟
印　　刷：北京天宇星印刷厂
装　　订：北京天宇星印刷厂
出版发行：电子工业出版社
　　　　　北京市海淀区万寿路 173 信箱　　邮编：100036
开　　本：720×1 000　1/16　印张：14.25　字数：297 千字
版　　次：2022 年 5 月第 1 版
印　　次：2024 年 6 月第 2 次印刷
定　　价：98.00 元

凡所购买电子工业出版社图书有缺损问题，请向购买书店调换。若书店售缺，请与本社发行部联系，联系及邮购电话：（010）88254888，88258888。
质量投诉请发邮件至 zlts@phei.com.cn，盗版侵权举报请发邮件至 dbqq@phei.com.cn。
本书咨询联系方式：xuqw@phei.com.cn。

本书编写组

学术顾问：刘春阳　张　楠

主　　编：张　丽　孙菲阳

副 主 编：朱　昱　文　娟　刘瑞京

编　　辑：李庆松　谭丝姐　褚立文

前 言

进入 21 世纪，大数据为人类提供了全新的思维方式和探知规律、改造自然与社会的新手段，并引发了重大社会与经济变革。随着信息技术的发展，数据作为一种新型生产要素，已经成为国家的重要战略资源和国家核心竞争力的关键要素。近年来，数字经济迅猛发展，数据的跨境流动规模呈指数量级增长，对全球经济的贡献度引人瞩目，跨境数据流动成为关系各国政治、经济、社会的重要议题。

近年来，各国纷纷加强数据治理前瞻性布局，旨在强化数据资源掌控能力、激发数据价值。技术的进步极大地提高了跨境数据流动的效率，但同时大规模、复杂的数据流动也给规制带来了新挑战。纵观全球，跨境数据流动尚未形成效果显著的多边规制体系，各国纷纷基于自身需要与利益探索规制路径，在数据安全和自由流动之间寻求平衡。一方面，加快建立完善本国数据治理体系，出台跨境数据流动规制措施；另一方面，探索国际合作路径，积极参与跨境数据流动国际规则制定。然而，由于各国经济实力、核心价值观、主权观念、产业结构等方面差别巨大，各国在跨境数据流动规制方面的核心诉求也迥然不同，从而形成了各不相同的规制思路。

我国作为互联网大国，高度重视数据资源价值，建设数字中国、发展数字经济已经成为我国经济社会发展的一条主线。2020 年，《中共中央、国务院关于构建更加完善的要素市场化配置体制机制的意见》提出，"要加快培育数据要素市场。"将数据作为与土地、劳动力、资本、技术并列的一种生产要素，反映了国家对信息技术发展的时代特征及未来趋势的准确把握，也凸显了数字经济时代数据对经济社会发展的巨大价值。但同时，数据流动必须以安全为前提。习近平总书记明确指出："要切实保障国家数据安全。要加强关键信息基础设施安全保护，强化国家关键数据资源保护能力，增强数据安全预警和溯源能力。要加强政策、监管、法律的统筹协调，加快法规制度建设。要制定数据资源确权、开放、流通、交易相关制度，完善数据产权保护制度。要加大对技术专利、数字版权、数字内容产品及个人隐私等的保护力度，维护广大人民群众利益、社会稳定、国家安全。要加强国际数据治理政策储备和治理规则研究，提出中国方案。"数据治理要以发展为导向，也要坚守安全底线，要在保障国家安全、保护个人隐私的基础上促进数据价值释放。近年来，我国加快推动数据治理，初步形成了以《网络安全法》《数据安全法》和《个人信息保护法》为基础的规制体系，为数据安全流动提供了法律框架。

本书从数据和跨境数据流动的基本概念入手，分析了数字贸易的发展态势及其对跨境数据流动的影响，从纵向和横向两个维度梳理了跨境数据流动的全球治理趋势，详细介绍了欧盟、美国、日本、俄罗斯等十六个典型国家和地区的规制思路、法规现状和国际合作情况，总结了四种主要的规制思路和三大跨境数据流动圈，重点阐述了我国跨境数据流动规制现状和面临的内外部挑战，在分析梳理国内外情况的基础上，尝试提出适合我国国情和发展需要的规制建议。本书力求理论阐述与实践案例相结合，重视可读性与专业性相统一，希望能够为数据治理领域的研究人员和感兴趣人士提供可供学习、可启思考、可资借鉴的案头读品。

本书系国家社科基金重大项目"网络信息安全监管的法治体系构建研究"（项目批准号：21&ZD194）的阶段性研究成果，由该项目资助出版。

目 录

第一章 概论 ··001
  一、数据相关概念 ··001
    （一）数据的定义和特征 ··001
    （二）数据的价值和风险 ··005
    （三）数据价值的挖掘与数据科学 ··008
    （四）数据技术应用实例 ··011
  二、跨境数据流动 ··014
    （一）跨境数据流动的定义和价值 ··014
    （二）跨境数据流动中的数据分类 ··016
    （三）跨境数据流动与数据本地化 ··020
  三、跨境数据流动治理的相关概念 ··022
    （一）数据治理的概念和特征 ··022
    （二）跨境数据流动治理的主要议题 ······································023
  本章参考文献 ··033

第二章 数字贸易发展态势及对跨境数据流动的影响 ·····························035
  一、数字贸易的起源与蓬勃发展 ··035
    （一）跨境数据流动推动数字贸易发展 ····································035
    （二）数字贸易成为经济交往主流模式 ····································036
    （三）数字贸易方式和对象的"双数字化" ··································037
    （四）数字技术助推数字贸易蓬勃发展 ····································038

二、数字贸易发展态势 ·· 039
　　（一）全球发展态势 ·· 039
　　（二）我国发展态势 ·· 043
三、数字贸易发展对跨境数据流动的影响 ······································ 050
　　（一）业态变迁 ·· 050
　　（二）发展现状 ·· 053
四、跨境数据流动孕育的风险 ·· 056
　　（一）数据安全 ·· 056
　　（二）隐私保护 ·· 058
　　（三）产业冲击 ·· 059
　　（四）情报监控 ·· 060
　　（五）执法困难 ·· 061
本章参考文献 ·· 062

第三章　跨境数据流动的全球治理趋势 ···································· 065

一、跨境数据流动全球治理的历史演进 ··· 065
　　（一）1950—1999年：主权国家间合作框架的形成 ················· 065
　　（二）2000—2012年：公私合作治理创新 ····························· 067
　　（三）2013年至今：数据主权下的政策调整 ··························· 068
二、跨境数据流动全球治理的主要模式 ··· 069
　　（一）跨境数据流动全球治理的主要手段 ······························· 069
　　（二）跨境数据流动全球治理的趋势特点 ······························· 072
三、跨境数据流动的国际合作发展 ·· 078
　　（一）OECD：《隐私保护和个人数据跨境流动指南》和
　　　　　《OECD隐私框架2013》 ·· 079
　　（二）G20：《数字经济大阪宣言》 ······································· 081
　　（三）WTO：《服务贸易总协定》 ··· 083
　　（四）APEC：跨境隐私规则体系 ·· 085
　　（五）ASEAN：《区域全面经济伙伴关系协定》和
　　　　　《东盟数据管理框架》 ·· 088
本章参考文献 ·· 090

第四章 主要国家跨境数据流动规制概况 092

一、欧盟 092
（一）规制思路 093
（二）主要法规 094
（三）欧盟—美国：跨大西洋数据流动规制 103

二、美国 105
（一）规制思路 106
（二）主要法规 109
（三）国际合作 112

三、欧洲其他国家 113
（一）英国 113
（二）俄罗斯 114

四、亚洲主要国家 115
（一）日本 115
（二）新加坡 117
（三）韩国 119
（四）印度 120
（五）菲律宾 121
（六）马来西亚 122
（七）越南 123
（八）泰国 124

五、其他主要国家 125
（一）加拿大 125
（二）澳大利亚 127
（三）巴西 128
（四）墨西哥 129

六、全球跨境数据流动规制总体格局 130
（一）规制思路总结 130
（二）全球格局分布 134

本章参考文献 138

第五章　我国跨境数据流动的治理现状和挑战 …… 142

一、制度约束框架：法律法规 …… 143
（一）法律规制原则 …… 143
（二）法律规制现状 …… 152
（三）法律规制特点 …… 171

二、全球化变局：外部挑战 …… 175
（一）技术变革：模糊"边界"概念，诱发制度失效风险 …… 176
（二）业态变革：催生去中心化，影响公共治理 …… 178
（三）制度变革：多重管辖冲突，国际治理体系呈现碎片化 …… 180

三、我国数字经济发展：内部挑战 …… 184
（一）立法工作仍待继续完善 …… 185
（二）国际合作和参与度仍待提升 …… 186
（三）行业自律性仍待加强 …… 187

本章参考文献 …… 187

第六章　我国跨境数据流动的规制建议 …… 189

一、基本思路：立足安全、重视自由 …… 189
（一）规制目标和原则 …… 189
（二）规制思路 …… 191

二、法规层面：明确定位、科学统筹 …… 192
（一）厘清立法基础问题 …… 193
（二）建立统筹协调的法规体系 …… 194
（三）完善数据本地化规则 …… 195
（四）加强前瞻性立法研究 …… 196

三、监管层面：分级评估、丰富工具 …… 196
（一）建立数据分类分级管理机制 …… 197
（二）完善数据出境安全评估机制 …… 198
（三）探索多元化数据跨境监管机制 …… 201
（四）设立专门的数据保护监管机构 …… 202

四、技术层面：海纳百川、创新为道 …… 204
（一）创新技术监管方式 …… 204
（二）最新技术支撑手段 …… 205

五、业态层面：激励自律、多元共治 …………………………………… 207
　（一）落实合同干预制度 ……………………………………………… 207
　（二）激励企业自律 …………………………………………………… 207
六、国际合作层面：积极有为、内外联动 ……………………………… 208
　（一）积极参与国际规则制定，主动发出中国声音 ………………… 208
　（二）加强制度创新，实现国内管理与国际规则衔接 ……………… 210
　（三）打造以中国为主的互联网国际治理对话平台 ………………… 211
本章参考文献 ……………………………………………………………… 212

第一章

概 论

从远古时代的刻痕计数开始,数据就一直在人类社会发展进步的进程中扮演着不可忽略的重要角色。尤其是1946年第一台计算机诞生以来,信息化的东风迅速吹遍全球,数据的价值随着信息产业的壮大日益凸显。当前,数据已经演变成为信息化时代的重要战略资源。在全球化浪潮的推动下,跨境流动的数据规模持续扩大,在促进经济发展、赋能创新的同时,也对全球化形成了巨大推动作用。世界各国纷纷意识到进行跨境数据流动规制的重大意义,着手就数据主权、隐私保护、数字经济和数字贸易等领域在国内和国际平台开展立法和实践探索。

一、数据相关概念

跨境数据流动的行为主体是数据本身,因此,了解数据的相关概念、演化历程和应用价值,有助于更好地把握跨境数据流动的研究重点,更深刻地理解当前的跨境数据流动规制政策。

(一)数据的定义和特征

1. 数据的定义

通常而言,数据是指对客观事件进行记录并可以鉴别的抽象符号,是对客

跨境数据流动：全球治理趋势与我国规制策略

观事物的性质、状态及相互关系等进行记载的物理符号或这些物理符号的组合。

事实上，数据的概念一直在演进变化。英文单词"data"早在 17 世纪 40 年代就已经出现，本意是表示某一事物性质或者数量变化情况的数值，主要应用于科学研究和测量统计领域。随着计算机的发明和信息化技术的发展，电子计算机、无线电通信等新技术开始在数据获取、加工和传输领域得到广泛应用。电子化、编码化的数据逐渐占据数据概念的核心位置，进一步丰富了数据的内涵。

在计算机科学中，数据是指所有能输入计算机并被计算机程序处理的符号介质的总称，是用于输入电子计算机进行处理，具有一定意义的数字、字母、符号和模拟量等的通称。

数据的分类纷繁复杂，其中最简单的就是数字。除此之外，具有一定意义的文字、图像、声音、视频等也都是数据的不同体现形式。

早在文字出现以前，人类就学会了使用计数工具来记录和储存数据。在非洲发现的列彭波骨（Lebombo Bone）使用刻痕的方式进行计数，据考古学家判断，该骨骼距今已有四万多年历史，是迄今为止人类发现的最早的数据记录实体证据。此外，在刚果发现的伊尚戈骨（Ishango Bone）也采取了刻痕计数的方式，该骨骼可追溯至旧石器时代早期。

在人类社会的发展进程中，用于记录数据的载体也在不断演化。从动物骨骼到帛、陶器，从青铜器和竹简到纸张，这些传统形式的数据载体为人类文明的传承和发展作出了不可磨灭的贡献，有的至今仍在发挥作用。

2. 数据的特征

自第一台计算机诞生以来，信息革命的浪潮持续奔腾，不断涌现出的新技术、新手段彻底颠覆了传统意义上的数据生产、记录和传播链条，在信息时代的大背景下锻造出数据的全新特征。

其一，数据具有可复制性。单纯从技术角度来看，数据资源以电子化的形式存在。与传统意义上以实体存在的资源相比，数据在一定程度上打破了时间和空间的限制，通过现代化的数字媒介，能以极低的成本实现高速度、大体量的复制，也能在当前的应用场景下基本实现实时传输。数据的这一重要特征，是信息化进程得以快速推进的重要原因，也是人类文明成果实现高效共享，全球数据规模呈现"爆发式"增长的基本前提。

其二，数据具有流动性。与传统意义上的信息一样，数据的一切价值都基于它的流动性。甚至可以说，没有流动性的数据便毫无价值，数据的流动性是信息化时代社会活力和创造力迸发的重要土壤。尤其是在当前的发展情境下，经济、社会、政治、文化等各重要领域都与数据深度耦合，经济往来、文化交流、政治模式融合等都离不开数据的流动。在传统模式下需要以实体形式进行交换的信息，经过数字化以后，其流动效率和质量也大幅提升，国际贸易、跨境结算、远程服务交付等经济行为都是在此基础上衍生发展而来的。

其三，数据具有基础性。在信息化进程高速推进的当下，数据的重要性也在与日俱增，已经成为信息化社会的关键生产要素，也是一种重要的战略资源。一方面，数据无处不在。从个人日常生活到企业运转经营，从社会组织到政府机构，数据渗透到了当今时代的各个角落。可以说，基本上找不到脱离数据后仍能正常高效运行的行业或领域。另一方面，数据的基础性特征也决定了它与其他生产要素不同。它无法直接通过简单加工形成产品，而是需要经过采集、转换、挖掘等复杂步骤才能最终发挥作用，具有不同于其他生产要素的独特战略价值。

2020年3月，中共中央、国务院发布《关于构建更加完善的要素市场化配置体制机制的意见》，对推进要素市场化改革进行了总体部署，也对加快培育数据要素市场提出了具体要求。这是继党的十九届四中全会召开以来，再次将数据作为重要生产要素，写入党和政府的重要文件。

数据作为信息时代的生产要素，为经济发展提供了新动能，也为社会进步指明了新方向。过去十多年来，中国数字经济一直保持迅速、稳定发展的状态，为我国整体经济增长和社会发展提供了强大驱动力。《数字中国发展报告（2020年）》显示，"十三五"时期，我国数字经济总量跃居世界第二，2020年我国数字经济核心产业增加值占GDP的比重达到7.8%。与此同时，互联网及其相关技术的不断普及，引爆了信息化领域的创新浪潮。电子商务、移动支付、物联网、大数据等新兴业态在深刻整合传统行业领域的同时，也给每个人的日常生活带来了翻天覆地的变化。

以上三个特征是数据的本质特征，无论信息化进程如何推进、数字产业如何发展，它们都很难发生改变，但数据的外在形式则是随着相关技术的演进脉络不断进化的。放眼当下，大数据（Big Data）以其广阔的应用前景和鲜明的时代特征，当之无愧地成为信息时代数据形式的"代言人"，使得数据在信息化社会中的新型生产要素这一特征更为凸显。

1980年，著名未来学家托夫勒在著作《第三次浪潮》中提出了"大数据"一词，并将其称赞为"第三次浪潮的华彩乐章"。直到2010年左右，大数据才成为新兴互联网技术行业中的热门词汇，为大众所熟知。

虽然大数据的重要性已经得到广泛认可，但对大数据的定义却众说纷纭。麦肯锡全球研究所对大数据的定义是：一种规模大到在获取、存储、管理、分析方面大大超出了传统数据库软件工具能力范围的数据集合。美国信息研究分析公司Gartner则将大数据定义为需要新处理模式才能具有更强的决策力、洞察发现力和流程优化能力来适应海量、高增长率和多样化的信息资产。

总体来看，大数据的主要特点可以总结为5V：大量（Volume）、高速（Velocity）、多样（Variety）、低价值密度（Value）和准确（Veracity）。

大量：信息技术的发展推动着数据量级呈现爆发性增长，智能手机、可穿戴设备等贡献了大量数据。IDC预测，到2025年，全球数据总量将从2018年的33 ZB增长到175 ZB，复合年增长率为27%。如此大规模的数据需要更加智能的算法、更加强大的数据处理平台进行统计、处理和分析。

高速：由于大数据体量巨大且来源、类型各异，花费大量成本对这些数据进行长期存储显然十分不划算。对于一个平台而言，及时对非最新的数据资源进行清理十分必要。在这一前提下，大数据的处理速度显得尤为重要。当前，许多平台对大数据采取实时分析处理的方法，用最快的速度挖掘大数据的价值，以在竞争中取得优势。

多样：一方面，相对于传统的以文本和图片为主的数据结构，音频、视频、地理位置信息、生物识别数据等新型数据进一步丰富了大数据的组成结构；另一方面，各类传感器、移动终端、摄像头等数据采集设备的普及也极大地扩展了大数据的采集渠道。

低价值密度：大数据巨大的体量意味着其中必然包含大量低价值甚至无价值的数据，导致数据的平均价值被严重稀释。例如，智能手环采集到的一整天的运动数据中，可能使用者只关心外出锻炼一小时期间的身体数据。因此，如何提升对高价值数据的挖掘和分析效率，是大数据技术应用领域的重要课题。

准确：大数据的内容是基于现实世界的，虽然不一定能完全精准反映现实情况，但至少应该具有一定的准确性，绝对不能是虚假或者错误的数据，这是实现有效数据分析的基础。只有基于真实行为的数据，才有研究分析的意义。如何确保大数据的准确性、进一步提升其精准度，已经成为当前大数据研究领域的重要课题。

自大数据概念诞生至今的40余年时间里，其应用领域不断扩大，应用形式也持续革新。大数据在推动数据产业链条发展壮大的同时，也催生了以大数据为基础的云计算、人工智能等一系列先进技术，深刻影响着人们认识世界的方式，也为未来科学技术的发展提供了无限可能。

（二）数据的价值和风险

1. 数据的价值

在当今全球信息化高速发展的大背景下，世界各国纷纷积极布局信息技术和数据产业，围绕数据的采集、分析、应用等方面展开竞争与合作，力争在数据领域占据有利位置。随着数据的形态、特征的高速更迭，其价值也不断凸显。数据已经成为推动信息化、助力国家发展的重要资源，堪称信息时代的"血液"。

总体而言，从数据相关技术应用、推动传统产业升级发展、提升社会治理效率等方面来看，数据的价值可以粗略地分为技术价值、商业价值、行业价值和社会价值四个方面。

数据的技术价值：当前，数据技术已经涵盖数据存储、处理、分析、传输、安全保障等细分领域，组成了庞大的技术体系，各分支共同构成了完整的数据技术生态。日益庞大的数据量使得传统的计算机技术显得捉襟见肘，规模并行化处理的分布式计算架构应运而生；数据质量良莠不齐、标准混乱不一等问题为数据研究和应用带来了巨大阻碍，这些问题催生了用于数据整合的数据集成技术和提升数据管理效率的数据管理技术，自动化、智能化的数据管理技术已成为未来的发展方向。除传统数据领域的技术发展创新外，数据产业的发展还通过产业融合等方式为其他技术的研发、应用和落地提供基础，如人工智能、"互联网+"等。仅就大数据领域而言，近年来，相关研究不断推进，技术发展势

跨境数据流动：全球治理趋势与我国规制策略

头迅猛。根据世界知识产权组织发布的数据，2012—2020 年，全球范围内共申请了大数据相关专利 13.6 万余项，专利申请数量的年均增速为 16%。中国、美国、欧盟、英国等国家和地区相继出台数据战略，推动本国数据技术快速发展。

数据的商业价值：在传统的经营模式中，数据通常被用来反映企业经营情况，通过数据分析的结果来驱动运营方式转变，最终能帮助企业及时了解市场发展趋势、调整战略方向，以达到促进企业更好更快发展的目的。信息化时代数字技术在商业领域的应用，极大地丰富了企业和服务对象之间的交互渠道。用户在网购平台的浏览记录、在线下实体商店的购买记录等信息经过匿名化处理后，可以向企业呈现出更为细致的用户喜好、使用习惯等信息，进而形成更为精准的用户画像，以便企业摸清用户需求、调整产品设计理念等。数据技术在多个层面提升了商业行为的精度、效率，也能帮助企业谋划更为清晰的远期图景，其创造的商业价值是难以估量的。以数字贸易为例，在数字技术日新月异的背景下，当前全球数字经济发展动力强劲。2019 年，全球数字服务贸易规模约为 3.2 万亿美元，占全部贸易总额的 12.9%。2020 年，新冠肺炎疫情肆虐全球，实体经济受到了极大冲击，但这也为数字贸易的进一步发展提供了现实基础。预计在疫情的影响下，数字贸易的发展进程将进一步加快。

数据的行业价值：通常情况下，数据也能引领整个行业的新走向。随着智能手机的普及，移动化及移动应用的数量不断扩大，移动端数据因此更加普及。与以往的业务数据不同，这些数据更加个人化，也更适合于各种不同场景的应用。例如，媒体公司会选择在上午 8 点至 9 点上班高峰期人人埋头看手机的时候，发布流量文章；地图导航软件会在你到达一个新的城市时，推送该城市的游玩攻略、美食地图。大数据技术应满足不同应用场景的需求，以将人们生活的各个方面用大数据无缝连接，推动各行各业的发展、演进和革命。独立第三方移动数据服务平台，则可以用数据帮助传统企业完成基于移动互联的数字化转型，从而推动企业升级成为数据驱动的新时代企业，促进行业整体的革新，同时也深刻影响每个人的日常生活。

数据的社会价值：任何技术的开发和利用，最终都是以提升社会福祉、促进社会进步为目的的，数据技术也是如此。医疗卫生、交通出行、教育学习、就业工作等社会生活的方方面面，都在数据技术不断创新发展的大背景下发生着深刻的变化：在遥感、遥测、遥控等技术的支撑下，通过远程问诊、远程手术手段对医疗条件较差的地区、舰船上的伤病员等人群进行远程诊断、治疗成为可能；在线课堂、远程教育在一定程度上弥补了教育资源分配不均的现象；大数据技术的应用让出行变得更为便利。此外，人与人之间的交流方式、政府部门的施政模式、国家之间的利益关系也在经历着前所未有的巨大变革。可以肯定的是，以上这些方面的积极变化都只是数据技术的初级应用带来的。相信随着相关研究的不断深入，数据技术将不断展现出更加巨大的潜力，为人类社会描绘更加广阔而多彩的未来蓝图。

值得注意的是，虽然数据信息中包含了很多价值，但这些价值并不是一成不变的。部分数据的价值会随着时间的消逝而逐渐降低，甚至会变成完全无用的数据，这就要求数据使用者根据实际情况随时对数据进行更新。此外，想要在规模巨大的数据中充分挖掘出数据价值，就要充分优化从数据采集到数据分析的各个环节，尽量减少数据"噪声"带来的影响。

2. 数据的风险

在充分享受数据带来的红利之时，我们也要充分认识到，当前对数据的挖掘、利用和保护依然存在诸多不足之处，数据面临的各种风险不容忽视。

其一，随着互联网在全球范围内加速普及，网络攻击、数据泄露等对数据安全带来的威胁越来越大。CNCERT 公布的数据显示，2020 年，在我国捕获的计算机恶意程序样本数量超过 4200 万个，日均传播次数达 482 万余次，涉及恶意程序家族近 34.8 万个。世界经济论坛发布的《2020 年全球风险报告》认为，以破坏基础设施、窃取数据和金钱为目的的网络攻击风险在未来将进一步加剧。此外，由技术漏洞、内部恶意泄露等导致的电子邮件、个人信息等隐私数据泄露的事件也层出不穷，时刻提醒着我们，当前数据安全领域依然面临严峻挑战。

其二，无处不在的数据壁垒严重阻碍了数据价值的发挥。一方面，国与国之间的跨境数据流动面临障碍。由于数据的巨大价值使得其成为涉及国家安全的重要战略资源，各国为了实现对数据资源的掌控，纷纷出台法律法规，严格限制数据的自由跨境流动。另一方面，政府部门之间的数据壁垒也影响数据资源的利用效率。技术限制、部门壁垒、权责界限不清等现实因素使得数据在跨部门、跨地域流动时受到诸多限制，难以完全发挥其提升政府治理效能的作用。

其三，数据垄断现象降低了数据行业的整体活力。和诸多传统领域一样，数据行业也存在巨头垄断资源，导致行业创新发展动力不足。部分企业起步发展较早，逐步积累了可观的用户群体和数据资源，再加上资本和技术方面的优势，很容易在行业内占据垄断地位，严重抑制了新兴中小微企业的竞争力，也在商业行为中损害了消费者的权益。目前，数据垄断带来的风险已经引起了各国政府的重视，并促使其纷纷立足本国的现状出台政策遏制数据垄断行为，努力构建大中小微企业共生共荣的良性生态。

（三）数据价值的挖掘与数据科学

1. 数据价值的挖掘

通常情况下，数据是有"保质期"的，"过期"数据的利用价值会大幅降低甚至完全消失。数据从产生到最后删除报废的全过程就是数字的生命周期，通常包括数据的采集、存储、处理、传输、交换、销毁等环节（见图1-1）。

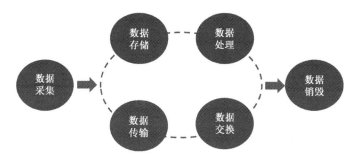

图1-1 数据的生命周期

数据价值的挖掘是数据产业的根本追求，而挖掘数据价值的主要流程则不完全与数据的生命周期一致，主要包含数据采集、数据预处理、数据分析等。

1）数据采集

数据采集又称数据获取，是利用一种装置，从系统外部采集数据并输入系统内部的过程，它是计算机与外部物理世界连接的桥梁。被采集数据是已被转换为电信号的各种物理量，如温度、水位、风速、压力等，可以是模拟量，也可以是数字量。通常，数据采集工作要以不影响被测对象的状态为前提，以免对数据产生干扰。

针对不同的数据源，数据采集方法有以下几大类。

数据库采集：传统企业会使用传统的关系型数据库 MySQL 和 Oracle 等来存储数据。随着大数据时代的到来，Redis、MongoDB 和 HBase 等 NoSQL 数据库也常用于数据的采集。

系统日志采集：主要收集业务平台日常产生的大量日志数据，供离线和在线的数据分析系统使用。这种数据采集方式具有高可用性、高可靠性、可扩展性等特征。

网络数据采集：指通过网络爬虫或网站公开 API 等方式从网站上获取数据信息的过程。这种数据采集方式可以将非结构化数据、半结构化数据从网页中提取出来，存储在本地的存储系统中。

感知设备数据采集：指通过传感器、摄像头和其他智能终端自动采集信号、图片或录像来获取数据。

2）数据预处理

经过初步采集得到的原始数据常常包含"噪声"，部分数据可能存在不完整、不一致等问题。为了得到高质量的数据分析效果，必须对原始数据做一定的处理，在进行数据分析之前对原始数据进行的操作就是数据预处理。

数据预处理包含数据清洗、数据集成、数据转换、数据消减等过程。

数据清洗：指消除数据中所存在的"噪声"及纠正其不一致的问题。具体的处理内容通常包括填补遗漏的数据值、平滑有"噪声"的数据、识别除去异常值、纠正不一致的问题。

数据集成：指将来自多个数据源的数据按照统一的格式结合在一起，并形成比较完整的数据集合，为数据分析的顺利完成提供数据基础。

数据转换：主要是对数据进行规格化操作，将数据转换或归并以构成一个适合数据分析的描述形式。

数据消减：指在不影响最终分析结果的情况下，大幅缩小所挖掘数据的规模，以减少数据分析所消耗的时间。常见的数据消减法有数据聚合、消减维数等。

3) 数据分析

经过预处理后，数据的质量和可用性得到有效提升，下一步就可以对数据进行分析。数据分析是指用适当的统计分析方法对收集来的大量数据进行分析，将它们加以汇总和理解并消化，以求最大化地开发数据的功能，发挥数据的作用。数据分析是为了提取有用信息和形成结论而对数据加以详细研究和概括总结的过程。

通常情况下，数据分析包括以下三个流程。

探索性分析：刚获得数据时，可能由于数据量大等原因难以直接看出规律，可以通过画图、列表等方式探索计算数据中的潜在规律，为进一步的数据分析提供方向。

模型选定分析：在前期探索性分析发现初步规律的基础上，筛选出适用于对象数据的模型范围，并通过进一步分析，选出与数据较为匹配的模型。

推断分析：采用选定的模型对数据进行精确计算和处理，进而得出数据分析结论，提取数据中的规律。

2. 数据科学

从数据采集到数据分析的一系列过程和相关技术构成了狭义上数据科学的概念。总体上看，数据科学主要涵盖三个领域的知识技术：编程领域（语言知识、语言库、设计模式、体系结构等），数学（代数、微积分等）和统计学领域，数据领域（特定领域的知识：医疗、金融、工业等）。近年来，随着数据与传统领域的融合不断加深，针对数据科学和相关技术的研究也越发受到重视，成为支撑数据行业发展壮大的基础性力量。

总的来看，数据科学的发展历程大致可以分为以下几个阶段。

起步与形成阶段。1962年，美国数学家John W. Tukey出版《数据分析的未来》，他在书中预言，数据分析将作为一门新的学科迅速崛起。1974年，丹麦计算机专家Peter Naur出版了《计算机方法的简明调查》，首次将数据科学定义成"一门研究处理数据的科学"。当时，有关数据科学的界线划分并不明显，对计算机知识有一定程度理解并且能进行数据含义解读的研究人员都可以称为数据学家。随着计算机技术与统计学的不断融合发展，数据分析处理的科学化程度也在持续提高。直到1966年，一场名为"数据科学、分类及相关方法"的大会在日本神户举办,第一次使得数据科学进入大众视野。从此以后,数据科学逐渐发展壮大成为一门新兴独立学科。

理论和人才储备阶段。1997年,《数据挖掘与知识发现杂志》创刊,明确指出数据挖掘就是"从大数据中抽取信息"。20世纪90年代末,人类社会生产生活面临的数据量持续增大,数据科学的实用性和重要性也获得了越来越广泛的认可。进入21世纪后,互联网在世界范围内快速普及,数据规模也呈现前所未有的爆发性增长态势。越来越多的专家学者开始对数据科学投来关注的目光,学术界有关数据科学的专业刊物数量也不断攀升,这些因素都为日后数据科学的蓬勃发展奠定了坚实的理论基础、储备了大量人才。

迅速发展阶段。在这一阶段,数据科学领域新技术、新概念不断涌现,发展进程得到快速推进。2006年以来,深度学习技术持续引发学术界广泛关注。斯坦福大学等世界顶尖学府纷纷进军相关研究领域。2010年,美国国防部高级研究计划局(DARPA)首次宣布资助深度学习相关技术的研究,标志着深度学习的应用前景获得美国官方认可。此外,语音识别也是现代数据科学的一个重要研究领域。2010年以后,亚马逊、谷歌等大型科技公司纷纷布局语音识别领域,尝试开发会话用户接口。2016年,《麻省理工科技评论》将语音接口技术列为十大突破性技术之一。截至2021年,语音识别技术已经取得了相当大的发展成就,国内该领域的领军者科大讯飞的语音识别准确率已经达到98%以上,且支持多种方言识别。除了以上技术领域,强化学习、云计算等新概念、新业态的出现,也持续推动着数据科学不断向前发展。

可以肯定的是,随着人工智能、大数据、物联网等前沿技术的不断发展,加上计算机数据处理能力的持续提升,数据科学未来的发展动力将更加强劲,云化、智能化的趋势将引领数据科学在信息化时代走出更加广阔多元的发展路径。

(四)数据技术应用实例

1. 数据技术在疫情防控中的应用

在党中央推进国家治理体系和治理能力现代化的背景下,前沿信息技术和数字技术在国家治理领域的研发和应用越来越受重视,如何利用相关技术提高行政水平、提升应对处置突发事件的能力,已经成为各级政府面临的重要课题。

跨境数据流动：全球治理趋势与我国规制策略

2020年，一场突如其来的新冠肺炎疫情给社会生活带来了巨大挑战，国家治理能力、有关部门的应急处置能力也面临一场大考验。在新冠肺炎疫情防控工作中，数据技术频频出现在各大媒体、论坛及社交平台上，"大数据抗疫"也成为此次疫情防控工作中的一大亮点。

疫情防控与溯源方面：纵观疫情防控的全过程，流调始终是披露疫情传播轨迹的重要工具，而数据和相关技术，则为流调溯源工作提供了大量支撑。例如，12306铁路售票平台可以运用购买火车票需实名认证的数据优势，为相关部门提供确诊病例或密切接触者的行程信息，以便及时对同乘人员进行预警和排查。此外，健康码在个人申报健康信息的基础上，结合大数据分析结果，对个人的涉疫情状况进行综合判定。为常态化疫情防控下保障稳步复工复产，有效控制疫情风险提供了强大武器。

疫情数据透明化方面：新冠肺炎疫情在国内出现之初，全国范围有大量人口在流动，导致民众担忧情绪高涨。每日各地新增确诊病例数量、密切接触者情况、居家隔离时间要求等权威信息的及时公开、透明发布有利于驱散不实信息，让全国人民第一时间了解疫情最新情况，纾解不安情绪。为此，《人民日报》、新华网等主流媒体，微信、微博等社交平台及支付宝等生活类应用，纷纷借助大数据采集分析技术，通过疫情地图、全国疫情趋势等形式实时更新推送最新疫情信息。用户可以了解全国、各省（市、县），甚至每个小区精确的疫情数据。相关数据使得有关部门在采取针对性疫情防控措施的同时，也充分保障了民众的知情权，对普及疫情防控知识、提升全社会的防控意识也发挥了促进作用。

远程办公和在线授课方面：为及时阻断疫情传播链条，有效遏制疫情传播风险，多地要求企业员工居家远程办公，数字化办公平台、在线视频会议等技术保障了特殊时期企业的平稳有序运行。此外，多地学校"停课不停学"的要求让在线教育平台发挥了巨大作用。借助大数据分析，探索学生在个性化学习方面的兴趣爱好，对学生的学习过程、学习行为等进行多维度分析，为每位用户生成个性化学习计划，使得在线教育更有针对性。同时，科技教育产品所积累的海量大数据，又可以反馈到教学环节，为课程与教学设计提供参考。

2. 数据技术在城市治理中的运用

电子政务方面：在信息化浪潮的大背景下，数据技术的应用领域不断扩展，为诸多领域带来了新的变革，数字化、电子化的政务服务就是其中的典型案例。数据技术在政务领域的应用是推进国家治理体系和治理能力现代化的重要形式之一。电子政务的广泛推行，不仅节约了行政成本，也大幅提升了办事效率，使民众的获得感和幸福感显著增强。近年来，各地各部门大力推进政务服务线上"一网通办"、线下"一窗综办"，实现24小时服务"不打烊"，推进政府治理体系和治理能力现代化。当前，覆盖PC端、移动端、大厅端、自助端等场景的电子政务平台正不断升级完善，一方面使政务服务信息的发布和接收效率更高，另一方面也极大地提升了民生服务领域的办事效率。目前的电子政务服务平台，基本涵盖了证照服务、交管业务、社保服务、民政服务、医疗卫生、教育培训、交通出行、缴费服务等与民众日常生活联系密切的领域，很大程度上实现了"一网通办"的目标。

智能安防方面：随着平安城市建设的不断推进，监控点位越来越多，在高清视频、智能分析、云计算等新兴技术的加持下，安防正从传统的被动防御向主动判断、预警发展。在城市安防领域，通过对摄像机采集到的数据进行智能分析，筛选出人物信息、车辆信息等重要数据，海量的相关数据汇总后，智能系统可对犯罪嫌疑人的信息进行实时分析，给出最可能的线索建议，将犯罪嫌疑人的轨迹锁定时间由原来的几天缩短到几分钟，为案件的侦破节约了宝贵的时间。在家庭安防领域，当检测到家庭中没有人员时，家庭安防摄像机可自动进入布防模式，有异常时，给予闯入人员声音警告，并远程通知家庭主人。而当家庭成员回家后，又能自动撤防，保护用户隐私。夜间，智能安防系统通过一定时间的自主学习，掌握家庭成员的作息规律，在主人休息时启动布防，确保夜间安全，省去人工布防的烦恼。

智能交通方面：在交通领域，随着交通卡口的大规模联网，汇集的海量车辆通行记录信息，对于城市交通管理有着重要的作用。利用人工智能等技术，可实时分析城市交通流量，调整红绿灯间隔，缩短车辆等待时间，提升城市道路的通行效率。对于规模不断扩大、人口不断增多的超级城市而言，交通拥堵问题已经成为城市管理者面临的严峻考验。智能交通技术的应用无疑对缓解城市交通压力、提升城市治理水平有着极为重要的意义。城市级的人工智能大脑，实时掌握着城市道路上通行车辆的轨迹信息、停车场的车辆信息，以及小区的停车信息，能提前预测交通流量变化和停车位数量变化，合理调配资源、疏导交通，实现机场、火车站、汽车站、商圈的大规模交通联动调度，提升整个城市的运行效率，为居民的出行畅通提供保障。

二、跨境数据流动

跨境数据流动本质上是信息化和全球化两大浪潮共同催生的，信息化浪潮大大提升了数据的内在价值和应用领域，全球化浪潮则为数据跨境流动提供了基本前提和现实渠道。跨境数据流动极大地推动了世界经济的发展，为信息化和全球化注入了强劲动力。

（一）跨境数据流动的定义和价值

1980年，经济合作与发展组织（OECD）发布的《隐私保护与个人数据跨境流通指引》（*Guidelines on the Protection of Privacy and Transborder Flows of Personal Data*）中首次提出了跨境数据流动（Cross-Border Data Flows）的概念。早期针对跨境数据流动的研究仅仅针对个人数据，随着数字经济和新型数字技术的不断发展，越来越多的数据类型参与到跨境流动的大潮中。目前，国际上对跨境数据流动的概念界定还存在差异，尚未形成统一认知。综合比较来看，国际上对跨境数据流动的内涵与外延界定主要包括两类：一类是数据跨越国界的传输、处理与存储；另一类是尽管数据尚未跨越国界，但能够被第三国主体进行访问。

随着信息化进程的不断推进，大数据、云计算、人工智能等信息化领域前沿技术飞速发展；各国纷纷制定信息化发展战略、推进信息基础设施建设，数字信息总量不断扩张。根据全球权威咨询机构IDC估算，2020年全球数据总量达44ZB，我国数据量达8060EB，约占全球数据总量的18%。与此同时，随着数字产业的持续发展，数据价值越来越受到重视，数据的资产属性正日益凸显。

全球经济的数字化趋势,不仅推动了各国内部的数据流动,同时也推动了数据的跨境流动。主要原因在于数字化进程使得数据的收集、分析和储存等过程中的每一步都可以在不同国家进行。

总的来说,跨境数据流动在推动经济发展、赋能创新、助力全球化等方面都具有重要的作用。跨境数据流动已成为全球化的重要组成部分,通过各种有形和无形的方式深刻影响着世界格局,也改变着每个人的生活。

一是推动经济发展。数据的跨境流动可以弥合国境带来的壁垒,海量的数据作为新型生产资料在国际社会进行流动的同时,也创造了大量机会,使得各国企业能花费较为低廉的成本对世界各地的产能进行更加合理、高效的利用。经济数据的自由流动能大幅优化资源配置结构,提升资源的投入产出比率。此外,传统行业通过和数据产业的深度融合,也可以开拓新的发展空间,搭乘信息化发展的便车,实现业态的转型升级。除支撑商品、服务、资本、人力等传统的全球化要素更高效流通外,随着跨境数据流动的不断发展,其发挥的作用也越来越独特。知名互联网企业思科公司公布的数据显示,跨境数据流动能极大地优化企业的生产运营流程,进而为企业带来巨大的商业价值。据预测,2015—2024年,跨境数据流动带来的商业价值(包括增加的收益额和降低的成本额)约为29.7万亿美元。可见,跨境数据将在全球范围内大幅推动经济发展,为各个国家和各企业的发展贡献极大的力量。

二是赋能创新。数据在跨境流动的同时,也承载着信息碰撞、文化交流和技术传播等使命,对国家和企业的创新能力有重要的推动作用。根据知名市场研究公司 Frost & Sullivan 的分析预测,数据在未来对创新和变革的支撑作用极其强大,90%以上的重要创新或变革性发展都根植于数据的流动带来的信息交流。当下,大多数行业都极其重视提升对跨境数据流动的分析把握能力,希望以此为基础推动其供应链、运营架构和商业模式的创新。跨境数据流动极大地提升了新思维、新技术在全球范围的传播速度,凡是有互联网连接的地方,就能实时了解和学习最前沿的技术和创新成果,并在此基础上进行本地化改造,再次催生新想法、新业态、新模式,打造创新和变革的良性循环。但同时需要认识到的是,跨境数据流动在赋能创新、激发变革的同时,也对知识产权的保护带来了严峻挑战。新技术加持下的数据生产、存储、挖掘和访问在很大程度上模糊了传统知识产权的国别边界，促使各国积极研究探索如何在享受跨境数据流动带来红利的同时，更好地对本国知识产权进行保护。

三是助力全球化。一方面，跨境数据流动能够帮助跨国企业寻找最理想的投资目的地，助力资本跨境流动，为推动打破贸易壁垒，实现经济全球化作出重要贡献。另一方面，全球化浪潮和互联网的开放特征与企业的全球扩张和经营需求完美吻合。数据被视作当代企业运营发展的"血液"，跨境数据流动必然促进企业走出国境，拓展面向全球市场的商业版图。以跨境电商为例，阿里巴巴、亚马逊等电商巨头以互联网为载体收集、处理、储存并跨境传输商业数据，将电商业务的触角延伸至全球各个角落。跨境数据流动在助力企业扩大规模、拓展用户群体的同时，也将企业本身更加深刻地融入全球产业链中。除此之外，以互联网为基础的跨境数据流动平台也极大地降低了企业参与国际贸易的门槛，为数量庞大的中小型企业提供了参与国际贸易的机会。

四是在一定程度上弥合数字鸿沟、保障用户数字权利。由于信息化发展水平存在差异，国与国之间存在的数字鸿沟一直是业内关注的焦点之一。在理想状态下，完全自由的跨境数据流动能够充分缓解欠发达地区在教育资源等方面的不足，进而从一定程度上弥合数字鸿沟。但需要注意的是，部分国家可能利用自身在数字产业和数据技术上的优势，对其他国家实施"数字掠夺"，进一步加剧不同国家间的"数字差距"。此外，基于云计算的跨境数据流动模式弱化了存储地理位置的约束，而由用户根据服务内容、质量、成本等在全球范围内灵活地选择云计算服务商，可以提升用户服务水平和体验，更好地保障用户合理的数字权利。

跨境数据流动在给世界发展带来诸多好处的同时，也孕育着一定程度的风险，如个人生物识别信息、日常行程轨迹、账号密码等个人数据被恶意利用或出售，将对个人隐私和财产安全带来巨大隐患；企业运营数据、核心平台代码等商业数据若发生泄露或被不法分子窃取，也将导致企业的商业机密和知识产权面临严重威胁。

（二）跨境数据流动中的数据分类

总的来看，跨境流动的数据的分类方式有很多种。根据数据所有者性质不同可以分为私立部门数据和公立部门数据，根据所有权或使用权的不同可以分为专利数据和公共数据（公开数据），根据数据主体的不同可以分为个人数据和组织数据，根据数据来源不同可以分为用户产生的数据和机器产生的数据（见表 1-1）。本节将以个人数据和以企业数据为代表的组织数据为例，阐述不同类型数据的跨境流动。

表 1-1　根据不同依据的数据分类情况

分类依据	数据类型	特点
数据所有者性质	私立部门数据	由私立部门产生、持有和管理的数据，如车企生产汽车过程中产生的内部数据、线上商城的营销记录等
	公立部门数据	由公立部门产生、持有和管理的数据，如医院系统中的病例数据、个人纳税记录等
所有权或使用权	专利数据	有明确的所有权且受到知识产权保护的数据，此类数据既可以是个人数据，也可以是组织数据
	公共数据（公开数据）	可从公开渠道获取的数据，不受知识产权和版权保护，所有人均可以使用，用途也不受法律限制，如政府在官方网站上依法进行公开的政务数据
数据主体	个人数据	能够用来辨别数据相对应的个人主体的数据，如用户创作的内容（博客、照片等）、个人手机产生的信息（通话记录、位置信息）等
	组织数据	能够用来辨别数据相对应的组织主体的数据，此类数据通常由组织本身掌控，也可由公共部门掌握，通常具有高度的商业敏感性（如企业运营数据）
数据来源	用户产生的数据	由用户行为产生的数据，如通过社交媒体或 App 收集的消费者行为数据。此类数据可以细分为主动提供的数据、被动提供的数据（观测数据）和用户相关衍生数据
	机器产生的数据	由机器或设备之间的通信、物联网平台等产生的数据，如传感器记录的温度、高度、速度等数据

1. 个人数据

全国信息安全标准化技术委员会制定的《信息安全技术个人信息安全规范》将个人数据定义为：以电子或其他方式记录的能够单独或者与其他信息结合识别特定自然人身份或者反映特定自然人活动情况的各种信息，如姓名、出生日期、身份证号码、个人生物识别信息、住址、通信联系方式、通信记录和内容、账号密码、财产信息、征信信息、行踪轨迹、住宿信息、健康生理信息、交易信息等。

早在1980年，OECD发布的《关于保护隐私与个人数据跨境流动的准则》中就提出了个人数据跨境流动的概念。从1980年至今的40多年时间里，个人数据跨境流动的规模、渠道及相关法律规制都已经发生了翻天覆地的变化，正呈现规模快速扩张、类型不断丰富等新趋势。

一方面，个人数据跨境流动规模不断扩张。随着经济全球化和信息化发展浪潮的同步推进，跨境电商等新兴业态不断发展壮大，同时也助推个人数据跨境流动的规模持续扩张，用户姓名、性别、年龄、电话、地址等个人信息在不同国家间的流动日益频繁。海关数据显示，2020年我国跨境电商进出口额为1.69万亿元，同比增长31.1%。中国人民银行数据显示，2020年跨境贸易人民币结算业务发生6.77万亿元，直接投资人民币结算业务发生3.81万亿元。

另一方面，跨境流动的个人信息类型也持续丰富。移动通信技术在硬件和软件领域的高速发展催生了当前以手机为主的移动网络应用平台的高速发展。手机的功能已经从最初的音频通话、短信演化到覆盖视频通话、直播、游戏娱乐、移动支付、导航等诸多领域。借助相关新兴技术，跨境流动的个人数据类型也日益丰富，位置信息、支付信息、社交网络信息等也成为跨境流动的个人信息的重要组成部分。个人数据在跨境流动中由单一逐渐走向丰富的过程见证了信息化和全球化浪潮给个人带来的巨大便利，也使得个人隐私保护成为全球跨境数据流动治理中的一个重点领域。

2. 组织数据

组织数据，顾名思义，是由组织采集、持有、使用的数据，其中占比最高、最具代表性的当数企业数据。通常而言，企业数据是指所有与企业经营相关的信息、资料，包括公司概况、产品信息、经营数据、研究成果等。

在信息化、全球化进程高速发展的当下，很多企业借助数字技术，打破了地域、国境限制，结合自身优势进行全球布局。互联网企业作为全球范围内跨境数据流动的重要参与者和主要载体，享受着数据流动带来的资本、市场等方面的利益。

一方面,跨境数据流动能支撑企业全球布局。以互联网企业为例,由于互联网天生具有的开放互联的特性,以及互联网企业业务线上化、运营国际化等现实需要,跨境数据流动就成了促进互联网企业在全球范围内大发展、大扩张的巨大动力。以阿里巴巴、亚马逊等为代表的电商平台,以抖音等为代表的短视频平台等企业通过互联网采集、分析、处理并跨境传输数据,实现了其业务全球化的商业目标。

另一方面,跨境数据流动能显著降低企业运营成本。企业可以通过互联网以远程方式提供跨境服务,也可以在线签订商业协议、完成资金交付等操作,这是跨境数据流动在企业运营环节带来的巨大便利。美国国际贸易中心发布的报告估算,跨境数据流动在促进全球贸易规模扩大的同时,也将贸易成本平均降低了26%,通过互联网平台在全球实现交易行为的中小型企业存活率高达54%,比单纯依靠线下运营的企业高出30%。数量众多的中小型企业在相关技术和平台的支撑下,也能尽享全球化和信息化浪潮的东风。

但同时,企业数据的跨境流动也会带来一定风险,主要体现在用户隐私保护、外国政府监控、本国政府监管困难等方面。

其一,企业用户隐私数据面临泄露风险。在企业数据中,用户数据占据了相当一部分比重。由于各国数字产业发展水平不一,对数据安全及用户隐私保护等方面的立法标准和水平也不尽相同。企业数据如果从数据保护体系较为完善、保护水平高的国家向保护水平较低的国家流动,就不可避免地存在用户隐私数据泄露的风险。

其二,跨境数据面临外国政府监控风险。在数据跨境流动过程中,关系企业核心技术、重要战略方向等方面的重要敏感数据可能会被外国政府监控。"棱镜门"事件更充分地体现了相关风险的真实性,使得越来越多的国家充分意识到企业数据及个人数据与国家安全的紧密关系。企业数据跨境流动过程中遭遇窃听、监控和滥用是企业全球化运营面临的重要风险之一,也是越来越多的国家加大对企业数据流动监管力度的根本原因所在。

其三,加大本国数据保护执法难度。随着互联网平台成为重要的社会生活领域,政府部门对通过互联网治理维持现实社会秩序和安全的需求与重视程度也日益增加。以互联网企业为代表的跨国企业数据在流动到境外时,无疑会增大本国政府对相关数据的监管执法难度。虽然目前已建立起一些跨国数据执法的机制，但现实操作时仍然困难重重。因此，很多国家要求跨国企业将数据的采集、分析、存储等流程本地化，以此应对相关风险。

（三）跨境数据流动与数据本地化

数据本地化是指主权国家通过制定法律或规则限制本国数据向境外流动，要求将数据存储在生成数据的国家/地区内的设备上，其基本的规则是任何本国或者外国公司在采集和存储与个人信息或关键领域相关数据时，必须使用该国境内的服务器。

数据本地化监管通常有两种类型的措施：一是要求特定数据存储在境内，出境需经有关部门审批许可；二是部分关键数据只允许存储在境内，禁止出境。前者往往采取清单式管理措施，而后者则常见于涉及重要安全领域的数据。

自从数据本地化概念出现以来，相关讨论和争议就从未停止。反对数据本地化的学者认为，数据本地化有违全球化发展的大趋势，在给跨国企业增加运营成本的同时，也会阻碍不同国家/地区之间的政治、经济、文化交流。当前，数据本地化的弊端主要有以下两点。

首先，数据本地化会抑制数字贸易的发展。一方面，随着全球服务贸易的高度数字化，越来越多的国际贸易行为严重依赖数据的跨境流动。而数据本地化相关措施会降低数据的流动效率，增加贸易双方的交易成本，进而阻碍全球数字贸易的发展；不同国家对于数据本地化的不同态度也会引发国际贸易纠纷，不利于营造稳定的国际贸易环境。另一方面，数据本地化还会对所在国内部经济发展带来不利影响。数据显示，欧盟因数据本地化措施带来的经济损失高达1930亿美元，印度的每个劳动力因数据本地化措施平均损失月工资的11%。

其次，数据本地化不利于中小微企业的发展。以云计算为代表的前沿技术正是在数据自由流动的前提下发展起来的，它们大幅提高了资源流通效率，有效推动了企业发展。数据本地化措施则在一定程度上阻断了云计算的发展路径，将服务供应商和其潜在客户隔离开来，这将极大地削弱部分中小微企业的发展动力，进而影响所在国的整体经济活力。

但当下的现实情况是，各国信息化发展水平存在极大差异，发达国家和发展中国家之间的"数字鸿沟"令人触目惊心。数据本地化是当前信息化发展格局下维护国家数据主权的重要抓手,通过法律法规的形式出台数据本地化相关规定,能有效协调国家参与全球化发展和维护自身数据安全之间的平衡,对提升政府的网络治理能力、促进本国信息产业发展都具有积极作用。具体而言,数据本地化有如下好处。

首先,数据本地化能有效维护国家安全。信息时代,网络安全已经成为国家安全不可分割的重要组成部分,而数据安全则是网络安全的重中之重。一个政府如果无法保证其数据安全,国家安全便无从谈起。以2013年美国的"棱镜门"事件为例,美国国家安全局利用微软、雅虎、谷歌、苹果等企业对世界各地的用户进行秘密监听,监听对象不乏各国政要。此事在世界范围内引发强烈反响,不少国家意识到本国数据安全面临严重威胁、数据主权被肆意侵犯,纷纷出台政策大力推动数据本地化,加大本国数据保护力度。

其次,数据本地化能提升政府的数据管理能力。近年来,数字经济规模持续扩张,不断为各国经济注入新的发展动力。但与此同时,个人信息泄露事件日益多发,新技术、新业态也给现有的数据保护机制带来了新的风险和挑战,数据应用的规范化及个人数据的安全性持续引发公众的关注和讨论。数据本地化相关措施将数据的存储、分析、访问等操作限制在境内,能够从一定程度上震慑不法分子。即使发生数据泄露,有关部门也能通过技术手段溯源,快速查清泄露原因,将损失减少到最小。如果相关数据存储在境外,溯源侦查工作将面临极大困难,个人或行业重要信息安全将无法得到有效保障。从这个角度来看,数据本地化能有效规范数据的使用,是切实提升政府数据管理能力的重要一步。

最后,数据本地化能有效推动相关产业发展。任何产业的发展壮大都离不开完善的基础设施,数据产业亦是如此。随着大数据的应用领域不断扩大,数据的采集、存储、分析等环节对相关基础设施的要求也在不断提高,新型数据中心的建设需求便应运而生。以贵州为例,由于在电力、气候、地理环境等方面有着得天独厚的优势,贵州成了很多大型企业建设数据中心的首选地。《中国数字经济发展白皮书(2020年)》显示,2019年,贵州省以大数据为引领的电子信息产业收入达到1500亿元,当地数字经济增速连续5年位居全国第一,已经形成数据基础设施建设持续推进、数据治理能力不断提升、数字技术应用日益成熟的良性循环。

综上所述，数据本地化有利有弊。但在实际操作中，只要把握好保护民众隐私、捍卫国家安全和数据自由跨境流动之间的平衡，就能在维护关键数据安全的同时，享受国际贸易数字化带来的巨大便利。如何找到这一平衡点，已经成为越来越多国家积极探索的关键问题。当前应对这一问题的策略主要包括：坚持必要利益保护原则和市场损失最小化原则，分类分级推动数据本地化监管等。可以确定的是，随着数字技术的持续发展，未来数据本地化监管将面临更多新挑战，谁能妥善应对这些挑战，谁就能在信息化发展的全球竞赛中占据先机。

三、跨境数据流动治理的相关概念

近年来，传统行业与数字产业融合发展的势头愈发迅猛，使得跨境流动的数据规模不断扩大，重要性也日益突出。各个国家和国际组织开始重视跨境数据流动的治理，数据主权、数字贸易、个人隐私保护等领域因受到各国普遍关注而成为跨境数据流动治理中的重要领域。

（一）数据治理的概念和特征

从某种程度上说，凡是有数据的地方就有数据治理。目前，关于数据治理并没有统一的定义，国际数据管理协会对数据治理的定义是：数据治理是对数据资产管理行使权力和控制的活动集合。总体而言，任何围绕提高数据质量、释放数据价值、保障数据安全开展的行为都可以被纳入数据治理的范畴。

由于当前数据主体多样、体量巨大、涉及诸多领域和环节，使得数据治理天然具有多学科、多维度、多层面的特征。

其一，数据治理具有多学科的特征。进入信息时代以来，数据对人类生活和社会发展等各方面的影响日益加深，越来越多的传统领域开始关注数据治理，针对数据治理的研究便打破了不同学科之间的界限，成为一门跨领域的综合学科。各传统学科在信息化的大背景下纷纷走上数字化道路，使用前沿的数字技术和工具推动相关领域向前发展。例如，经济学、医学、教育学等学科在数字技术的加持下，取得了突飞猛进的发展。此外，法学、工学、农学、管理学等学科近年来也都发表了关于数据治理方面的研究成果,数据治理的多学科特征日益凸显。

其二,数据治理具有多维度的特征。在数据安全维度,数据治理要在维护数据安全的同时保障好数据权益。因为失去了数据安全的数据权益就是无本之木,而在完全牺牲数据权益的基础上换来的数据安全也是无意义的。在数据价值维度,要通过推动数据共享来更好地实现数据价值。更大广度、更深层次的数据共享是数据价值的"放大器",构建畅通的数据共享机制也是实现数据治理最终目标的重要手段之一。在治理主体维度,从政府到企业再到公民个人,都在数据治理的不同维度中扮演着重要角色。政府负责顶层设计和监督管理,企业负责提供服务、产生价值,公民个人则是重要的数据主体。

其三,数据治理具有多层面的特征。在制度层面,政策制定者要基于数据产业的整体发展状况合理出台法律法规,及时就数据产业面临的问题和乱象"对症下药",为数据产业的发展保驾护航。在技术层面,随着数据类型日益多样、数据体量不断扩张,收集、存储、处理、分析数据的技术手段需要不断更新;各类网络攻击和潜在的数据泄露风险也要求相关技术与时俱进。技术手段的发展程度已经成为衡量数据治理能力的重要标准。在国际合作层面,全球化的大潮虽然会偶尔遭遇逆流,但世界范围内的跨境数据流动规模依然在不断扩张,国与国之间、国际组织之间就数据治理开展合作已是大势所趋,相关议题也必将受到越来越多国家的关注。

(二)跨境数据流动治理的主要议题

1. 数据主权

随着信息化发展的不断深入,数据已经和石油、电力等资源一样,成为国家发展进程中的重要战略资源,在经济发展、社会运行等诸多领域发挥着日益重要的作用。数据采集、存储、分析、传输等领域的巨大需求催生了一系列新兴产业,同时也对国家安全、政府治理能力带来了全新的挑战。因此,"数据主权"这一概念应运而生。

当前,数据主权并没有明确统一的概念表述或定义。有种说法是:数据主

跨境数据流动：全球治理趋势与我国规制策略

权是指国家对其行政权管辖地域内的数据享有的生成、传播、管理、控制、利用和保护的权力，它是国家主权在信息化、数字化和全球化发展趋势下的新表现形式。数据主权作为国家主权在数字空间的延伸，越来越受到世界各国的重视。

首先，数据主权的提出是维护国家主权的内在要求。自从主权国家的概念出现以来，国家主权就一直在国家治理和国际交流中占据绝对主导地位。数据主权则是在全球信息化大背景下国家主权概念的进一步延伸，是国家主权在数据领域的重要体现形式。世界各国纷纷努力在数字环境中实现对其主权范围内一切事物的有效管控，这是由世界竞争发展的基础逻辑所确定的。因为任何一个国家都希望自己在国际竞争中占据优势地位，不想看到自己在数据信息主导的新型国际关系中被边缘化甚至被淘汰。历史上，多数发明创新在其诞生之初，由于尚未得到大规模应用，往往不会对国家主权产生明显影响。但随着相关技术的发展，其重要性日益凸显，对国家主权的影响也就不容忽视，于是便被纳入国家主权管辖的范畴。

其次，数据所具有的巨大价值是将其纳入主权保护的现实基础。信息化进程使得数据成为重要的国家战略资源，其影响已经渗透到国家发展、社会生活的各个领域。数据中蕴含的信息和知识决定了国家的发展能力和发展前景。信息化浪潮已经成为推动当前经济社会发展的新动能，从一定程度上说，信息化程度及对数据的应用和保护水平已经成为衡量世界各国综合国力的重要标尺。美国著名国际政治学者约瑟夫·奈指出，当今世界，权力正在从"资本密集型"向"信息密集型"转变，信息力量才是国家力量的"倍增器"。此外，通过对某些领域的数据进行深度挖掘，可以了解该国经济社会运行状态、发展状况，甚至可以掌握该国关键资源分布状况、军事力量部署等重要情报，严重威胁其国家安全。

虽然从表面上看，数据主权的边界与传统意义上的国家主权一样，有着相对明晰的边界，但实际情况却并非如此。首先，数据所具有的多样性、流动性等特征大大削弱了空间因素对其的限制，再加上信息化和全球化的同步高速推进，使得这一现状更加突出。很多情况下，特定数据的产生、存储、分析和流动等环节发生在不同的国家，这给数据主权的界定带来了相当大的难度。其次，自互联网诞生以来，由于相关技术不断推陈出新，互联网空间的生态也在持续变化演进,不断给数据主权的界定带来新的模糊地带。以区块链技术为例,区块链去中心化、分布式存储的特点使得存储在区块链上的数据很难被传统意义上的地理位置等因素界定,也给相关数据的主权界定带来了困难。再次,从不同国家间的权力关系来看,数据主权表现出一定程度的相互依赖性。现实中,一国在行使数据主权时无可避免地要和其他国家共同维持现有的利益交换机制。如果试图实现对本国所有数据的绝对控制和管辖,国际间的数据流动和交流渠道将会受到巨大阻碍,最终也会导致本国数据利益受损。

近年来,越来越多的国家开始认识到数据主权的重要性,重视数据主权保护,纷纷采取措施加强对数据的管理,维护自身数据主权。一方面,通过立法方式加强和完善对数据收集、存储、分析等环节的管理,加大对数据的控制力度。另一方面,采取数据分级等方式对重要的数据出口进行严格管理,以免关键数据外流导致数据安全面临威胁。

虽然数据主权的理念已经引起国际社会的普遍重视,但当前行使数据主权仍然面临全球化进程带来的跨境数据流动、部分国家在数据领域的霸权主义等障碍。

第一,国际社会对数据主权的理解仍未统一。一方面,云计算、云存储等新兴业态的持续发展给数据主权的界定带来了很大争议。越来越多的大型企业通过"云"提供数据服务,数据处理和存储的设备打破了物理空间的限制。这些云端数据的归属权究竟在哪个国家,目前仍存在很大争议。此外,为提高企业运营效率,互联网企业往往会选择将自己的部分业务外包,这就有可能导致同一组数据同时在多个国家的管理权限内。另一方面,虽然很多国家都出台了法律法规,希望加强数据管理,维护数据主权,但由于不同国家所处的发展阶段和国际环境不尽相同,导致其对数据主权的态度也千差万别,这在一定程度上阻碍了国际社会就维护数据主权开展合作的进程。例如,从一个国家传输到另一国家的数据可能需要经过第三国,除非这三个国家的数据保护政策保持一致,否则相关数据的传输就会面临障碍,也会面临数据泄露等方面的威胁。因此,当前相当一部分国家要求本国数据不能传输到国外,除非数据流经的国家也采取了和本国相同或相似的数据保护策略。

第二,数据霸权主义威胁不容小觑。总体来看,部分国家由于数字产业起步较早，拥有先进的技术和较为完善的法律体系，在全球数字产业链中占据了优势主导地位。在跨境数据流动的治理方面，部分发达国家实际上会利用资金、技术、平台等方面的优势对其他国家施加数据霸权行为。以美国为例，美国利用其技术优势，打着"网络自由"的旗号对其他国家挥舞"网络大棒"，非法监听监控、输出意识形态、煽动骚乱等网络霸权主义行为，不仅在很大程度上威胁到了其他国家的数据主权，甚至还会对他国的政权安全带来严重影响。因此，一些国家将美国视为其数据主权的潜在威胁来源，呼吁加大国际组织在数据治理领域的领导作用。

从本质上说，目前有关数据跨境流动的法律法规和治理体系都是围绕数据流动与国家主权和利益保护这一核心主题建立起来的。但需要认清的是，数据主权和数据的自由流动之间的平衡十分重要。除了依托现代国际法体系的"数据主权论"，主张推动数据自由流动的"数据自由论"观点也拥有相当一部分话语权，它强调数据应该不受传统主权观念的影响，超越国境的限制，实现自由流动。在当前的国际体系中，这两种主张通常是相互融合的，主要是因为国家在保障数据主权的同时，也不得不重视跨境数据流动带来的经济、社会、文化等方面的效益。

2. 隐私保护

自 20 世纪 70 年代起，公民个人权利意识逐渐觉醒，针对个人数据和个人隐私权的保护也日益受到世界各国的重视。所谓隐私权，即自然人享有的对其个人的、与公共利益无关的个人信息、私人活动和私有领域进行支配的一种人格权。回顾跨境数据流动中的个人隐私保护相关措施的发展历史，大致可以将其分为三个阶段。

第一阶段：从限制、禁止到提倡保障个人数据跨境流动。20 世纪 70 年代，欧洲部分国家率先立法明确了对个人数据的保护。德国、瑞士等多个国家相继出台法律，对个人数据跨境流动进行管理，主要目的是限制或完全禁止个人数据跨境流动。事实上，这些早期立法差异较大，很大程度上阻碍了数据自由跨境流动。直到 1980 年，OECD 出台了《关于隐私保护与个人数据跨境流动的指南》，首次明确要采取措施减少对数据跨境流动的限制，以降低各国之间由于个人隐私保护政策带来的经济损失。1985 年，OECD 出台《跨境数据流动宣言》

(*Declaration on Transborder Data Flows*)，充分肯定了保障个人数据自由跨境流动的必要性和重要意义。

第二阶段：个人隐私保护体系化、制度化。1995年，欧洲议会与欧盟理事会颁布《数据保护指令》(*Data Protection Directive*)，要求欧盟成员国就数据保护标准和流动机制等方面协调一致，以促进个人数据在成员国之间自由流动。除欧洲外，其他国家和组织也加强了对个人数据跨境流动的监管。2004年，亚太经合组织（APEC）出台了《APEC隐私框架》(*APEC Privacy Framework*)，对个人数据的收集、存储、使用和流动等方面的原则进行了细化，以实现个人数据的无障碍流动。2007年，APEC提出《探路者倡议》(*Data Privacy Pathfinder*)，并在此基础上提出"跨境隐私规则体系"（Cross-Border Privacy Rules，CBPR），总体上保障了区域内个人信息跨境流动时不被滥用。

第三阶段：个人隐私保护受到普遍重视。2016年，欧盟出台《通用数据保护条例》(*General Data Protection Regulation*，GDPR)，该条例在进一步明确数据主体权利、丰富个人数据跨境流动方式的同时，还推出了数据保护专员制度，旨在进一步提升欧盟数字产业一体化程度，增强整体竞争力。此外，美国和韩国之间、新加坡和澳大利亚之间签订的自由贸易协议及跨太平洋伙伴关系协定（TPP）、区域全面经济伙伴关系协定（RCEP）等也纷纷将个人信息跨境流动囊括在内，双边和多边个人隐私保护措施不断发展完善。此外，随着信息化进程的不断推进，第三世界国家也纷纷跟进，努力完善针对个人数据跨境流动的监管体系。总的来看，在这一阶段，数据跨境流动中的个人隐私保护引起全球各国普遍重视，已经成为社会治理体系中的一个重要议题。

当前，针对跨境数据流动中的个人隐私保护问题，各国家和地区采取的态度略有不同。以欧盟和美国为例，欧盟更加强调个人权利的保护，认为个人数据跨境流动首先要满足人权保护的前提；而美国则侧重于保障跨境数据流动的畅通和自由，在涉及隐私保护的特殊情况下才会考虑对数据流动实施一定限制。

欧盟方面，欧盟委员会出台的《数据保护指令》和GDPR中都明确规定，欧盟数据的流入国应对个人数据实现"充分保护"。此外，只有在获得数据主体的授权后，个人数据才可以在欧盟成员国之间流动，但不得直接流出欧盟范围之外。欧盟之所以实施这种个人数据保护政策，与该地区的历史与现实因素有

跨境数据流动：全球治理趋势与我国规制策略

着紧密的联系。首先，相关规定受到了第二次世界大战的影响。第二次世界大战期间，许多欧洲国家经历了纳粹主义的巨大折磨，因此战后极度重视个人隐私的保护，并将个人隐私权视为基本人权的重要组成部分。以德国为代表的西欧国家便是推动个人隐私保护的先导力量，主导并推动隐私保护成为个人数据跨境流动的基本前提。其次，欧盟在政治、经济等领域强大的影响力是其个人数据保护政策实施的保障。从政治上看，欧盟无论是在地区还是在整个国际社会，都有着举足轻重的话语权。从经济上看，2020年欧盟GDP总量位居世界第二，仅次于美国；此外，欧盟还是世界范围内许多国家的重要贸易伙伴和投资目的地。他国为了与欧盟更好地进行政治、经济方面的交流合作，就必须积极配合欧盟在个人数据跨境流动方面的相关规定，制定与之相匹配的制度体系。

总的来看，《数据保护指令》没有对所谓的"充分保护"给出明确的界定和定量评价标准，只是列举了衡量一国个人数据保护体系时应该纳入评价范围的因素，如数据类型、数据流动目的、流入国法制建设情况等。相关论述缺乏具体标准，因此在实际操作时会有一定困难。但GDPR在一定程度上弥补了《数据保护指令》的不足，较为清晰地细化了相关评估标准，如数据流是否有针对数据保护的专门立法、是否有专门的管理部门等。可以说，欧盟严格按照自身标准推动跨境数据流动中的个人隐私保护的姿态十分坚决，其相关标准也凭借欧盟的影响力受到了不少国家的认可。

美国方面，美国对个人数据的保护基本上采取了行业自律发挥主导作用、政府立法监管进行必要补充的模式。虽然美国针对个人数据保护的立法工作起步相对较早，但并未出台类似欧盟《数据保护指令》和GDPR的全覆盖性质的法律。例如，美国1974年出台的《隐私法案》(*Privacy Act*)，只是对联邦政府收集和处理个人信息的行为进行了规范。而各州层面，多数州政府也未针对本州现实情况出台相关法律。1998年，美国联邦委员会首次明确建议，行业自律应在美国个人数据保护领域发挥主导作用。欧盟政府和业内人士认为，美国采取的相关措施并不能充分保护个人数据。一方面，美国个人数据保护立法方面存在缺陷。与欧盟相关立法相比，美国个人数据保护立法有着明显的零散性，分散在通信、计算机使用等细分领域，缺少统领性质的基本法规；不同法律对个人数据的范围规定也不尽相同，这也影响了美国个人数据保护体系的整体性和一致性,给法律执行带来了一定阻碍。另一方面,美国缺乏专门针对数据保护的机构。尽管数据保护的重要性越来越凸显,全世界许多国家都设立了专门机构,但美国的数据保护相关职能依然分散在各传统机构中,如联邦贸易委员会、社会保障局等,各机构之间的沟通协调等流程也给数据保护工作增加了成本。

在美国,自由主义思想盛行,不鼓励国家对市场的自由行为进行过多干预,甚至有观点认为,公民个人隐私的最大威胁其实是政府部门。美国现有的隐私保护体系正是在这一思想理念的影响下逐渐形成的。而且经历数十年的发展,美国社会和政府也已经接纳并适应了当前的个人数据保护模式,加大相关领域立法力度的行为反而可能遭到反对。

对比欧盟和美国有关个人数据保护的制度特点不难发现,两者之间的理念存在巨大差异,但两个体系本质来说都是在充分尊重各自历史、综合考虑现实发展情况的基础上逐渐发展成型的。历史原因、观念差异等因素也使得很难就两个体系孰优孰劣给出明确判断。但可以肯定的是,数字化的浪潮必将继续奔腾向前,而跨境数据流动中的个人数据和隐私保护问题也将受到更大程度的重视,世界范围内有关个人数据和隐私保护体系的建设,也必将在各国的共同努力下稳步向前推进。

3. 数字经济和数字贸易

美国国际贸易委员会(USITC)在《美国和全球经济中的数字贸易》中将数字贸易定义为:通过信息网络传输完成产品服务的商业活动,主要是指数字技术在产品和服务的订购、生产或交付中扮演重要角色的国内和国际贸易,既包含辅助数字贸易的手段(如互联网平台和应用),也包含数据流动等。

中国信息通信研究院 2020 年 12 月发布的《数字贸易发展白皮书(2020 年)——驱动变革的数字服务贸易》显示,2019 年全球数字服务贸易(出口)规模达 319259 亿美元,逆势增长 3.750%,占服务贸易比重上升至 52.0%,占全部贸易比重上升至 12.9%。其中,发达经济体数字服务出口规模达 24310 亿美元,在全球数字服务出口中的占比达 76.1%,超过其在服务贸易和货物贸易中的占比。从数字贸易市场的份额占比来看,美欧主导全球数字贸易市场。2019 年,美国、英国、爱尔兰、德国、荷兰 5 国在全球数字服务出口中的占比达到近 50%,其中仅美国占比就达到了 16.79%。从产业领域分布来看,当前数字贸易主要集中在文化、数字通信、金融和保险、制造、零售等产业（见表1-2）。

表1-2 数字贸易密集度较高的产业

产业	具体领域
文化产业	印刷（报纸、书籍、期刊等出版物）、影音（电影、音乐等多媒体内容的制作发行）、新闻传媒（传统电视、广播）等
数字通信业	软件发布、数据收集和储存、基于互联网的电视和广播等
金融和保险业	投融资、商业保险
制造业	冶金、化工、机械制造、电子元器件生产、医疗用品生产等
零售业	在线零售（日用快速消费品、数码产品、汽车家电等）
服务业	营销咨询、计算机编程、快递、平面设计等

资料来源：美国国际贸易委员会。

数字贸易的蓬勃发展，是以全球范围内安全有序的跨境数据流动为前提的。根据麦肯锡全球研究院（MGI）发布的《数字全球化：全球流动的新时代》，20世纪快速增长的国际贸易与金融流动自2008年以后就开始趋于平缓或下降。然而，全球化和数字化的大趋势并未逆转，跨境数据流动的规模持续扩大，在世界范围内传递信息、传播思想、引领创新，数字贸易在全球经济中的参与深度和重要程度仍在与日俱增。虽然大力推动数字贸易发展已经成为国际社会的共识，但当前跨境数字贸易的发展依然面临诸多方面的障碍。

一是关税壁垒。由于发达国家数字产业起步较早，体系发展较为成熟，其产品竞争力自然更强。通常情况下，发展中国家的数字产品进口额往往大于出口额，发达国家则相反。因此，发展中国家倾向于对数字产品征收关税，以保护本土产业；而发达国家则主张减少数字关税，强调数字贸易自由。这使得国际社会关于数字产业关税的谈判经常陷入僵局，关税壁垒已经成为数字贸易发展过程中亟待研究的重大课题。

二是文化壁垒。包括电影、音乐、游戏等类型的文化产品借助数字贸易的渠道在全球范围内高速流通。一些国家为减少外来文化产品对本土文化的冲击，会对相关文化产品的进口进行一定限制。但随着本国经济、文化等方面实力的增强，往往会采取更加自信的方式应对外来文化。以中国为例，近年来我国逐渐降低了对外资在国内进行文化投资的限制，充分彰显了我国参与全球数字贸易和文化交流的开放态度。

三是知识产权保护措施不健全。目前，不同国家对知识产权保护的重视程度不一，相关立法情况也存在差异。为保护数字产品知识产权不受侵害，相关企业往往会选择不向知识产权保护程度较低的国家出口。这也在一定程度上阻碍了数字贸易的发展，不利于数据自由跨境流动。因此，加大知识产权保护力度已经成为越来越多国家的共识，也是国际数字贸易中越来越重要的议题。

在当前的双边和多边数字贸易框架中，各方都致力于减少对跨境数据流动的限制、推动出台统一的国际标准，以期更好地促进国际数字贸易的发展。下面将以 WTO 和 TPP 这两个全球和区域性贸易协定为例，简要探讨全球数字贸易中的跨境数据流动规则。

WTO 被称为"经济联合国"，是推动国际多边贸易合作、促进自由数字贸易的重要平台。WTO 出台的《服务贸易总协定》（*General Agreement on Trade in Services*，GATs）、《与贸易有关的知识产权协定》（*Agreement on Trade-Related Aspects of Intellectual Property Rights*）、《贸易便利化协定》（*Agreement on Trade Facilitation*）等规章制度中的相关规定共同构成了 WTO 规范管理跨境数据流动的基本立场。早在 1995 年 1 月正式生效的《服务贸易总协定》中就明确规定，除保护敏感数据、个人隐私、防止欺诈等特殊场景外，WTO 成员之间应允许通过电信网络自由跨境传输数据。近年来，信息技术的发展，使得跨境数据流动的现状发生了巨大变化，但 WTO 有关跨境数据流动的规定并未紧跟技术发展而及时更新，导致 WTO 当前在规制跨境数据流动方面面临一些困境。

首先，WTO 成员之间有关跨境数据流动的立场存在差异。WTO 拥有 164 个成员，各成员之间的数字化发展水平存在很大差异，对于跨境数据流动管理规制问题所持态度自然也很难统一。例如，部分欧洲国家支持采取严密的数据保护政策；美国大力推动数据自由跨境流动，主张降低数字关税；以俄罗斯为代表的部分国家则严格限制跨境数据流动。各方博弈使得 WTO 框架下的跨境数据流动面临挑战。其次，WTO 成员之间市场准入开放程度有待提高。虽然 GATs 确定了 WTO 成员之间应允许通过电信网络自由跨境传输数据，但这仅对特定领域有效，此外，在《GATs 第四议定书》（*Fourth Protocol to the General Agreement on Trade in Services*）的 69 个签署成员中，仍有很多成员没有就跨境数据流动作出明确承诺。在上文提到的 WTO 有关跨境数据流动的相关规定中，签署成员仍以发达国家和地区为主，发展中国家和地区的积极性不高，这也在一定程度上阻碍了 WTO 框架下的跨境数据流动。

TPP 与 WTO 不完全相同，它从传统、单一、狭义的贸易协定拓展成为现代、广义、综合的贸易协定。TPP 是由亚太经济合作组织成员中的新西兰、新加坡、智利和文莱 4 国发起，从 2002 年开始酝酿的一组多边关系的自由贸易协定。虽然 2017 年，时任美国总统唐纳德·特朗普签署行政命令，宣布美国正式退出 TPP。但 TPP 作为美国政府一度大力支持推动的多边合作平台，相关规则仍然反映出美国等国家对数字贸易、跨境数据流动等重要议题的态度，也在一定程度上代表着数字贸易和跨境数据流动相关规则的发展方向。

总的来看，TPP 倾向于减少对跨境数字贸易的限制，主张消除"数字壁垒"，推动数据自由跨境流动。TPP 中专门用了一章的篇幅对数字贸易（电子商务）及跨境数据流动相关规制进行说明。

一方面，对于涉及国家安全的重要领域搁置争议。TPP 中明确规定，政府采购不适用于该协定规则。这是因为，从本质上说，跨境数据流动的监管和规制是信息化时代国家安全不可忽视的话题，而政府采购行为则更是与国家安全密切相关。这说明，TPP 对于涉及国家安全的跨境数据流动采取的措施是不做统一规定的，而是由各方在贸易实践中探索符合各自国情的方法。另一方面，TPP 规定，在以电子方式传输信息时，各成员国承认各有其规则。对于跨境数据流动，只要是为了商业活动，各成员国就应该保障其畅通。同时，TPP 要求，跨境数字贸易涉及的各方不能以数据本地化存储为前提对跨境数据流动设置障碍。可以看出，在数字贸易涉及的跨境数据流动方面，TPP 各成员国之间也未形成具体的统一标准，只是以总体框架的形式为各成员国之间的跨境数据流动规则指出方向。

从以上分析可以看出，TPP 已然跨越了数据跨境流动最初仅仅将其作为国内法隐私保护附属规定的阶段，尝试在多边平台上制定通用的数字贸易和跨境数据流动的治理标准。但实际上，TPP 在跨境数据自由流动规则方面取得的进展仍是有限的。这从侧面说明，目前各国在跨境数据流动领域规则制定上仍存在较大的利益冲突，而且在可预见的将来，这种利益冲突将继续存在。

除 WTO 和 TPP 外，RCEP 作为新型自贸协定，也就成员国之间的跨境数字贸易和跨境数据流动进行了规制。2020年11月15日，东盟10国及中国、日本、韩国、澳大利亚、新西兰15个国家正式签署RCEP。RCEP覆盖15个成员国约23亿人口，占全球人口的30%，GDP总和超过25万亿美元，是全球最大的自贸区协议。与TPP类似，RCEP要求跨境数字贸易涉及的各方不能以数据本地化存储为前提对跨境数据流动设置障碍。但是，出于保护公共利益、国家安全等原因，且在获得其他成员国同意的情况下，适当的数据本地化等措施是被允许的。RCEP中关于跨境数据流动的篇幅虽然不长，但总体原则是在保障成员国数据主权和国家安全的基础上，积极促进数字贸易和跨境数据流动，对促进亚洲地区的经贸合作有着重要意义。RCEP充分说明，在全球面临百年未有之大变局的背景下，亚洲国家通力合作、共谋发展的决心，也为世界范围内的跨境数据流动规制提出了发展中国家和地区自己的方案。

本章参考文献

[1] 陶皖. 云计算与大数据[M]. 西安：西安电子科技大学出版社，2017.

[2] 罗珊珊. 跨境电商增势强劲[N]. 人民日报，2020-06-20（2）.

[3] 马蒂亚斯·鲍尔. 数据本地化的代价：经济恢复期的自损行为（摘译）[J]. 汕头大学学报（人文社会科学版），2017（5）：44-47.

[4] DAMA International. DAMA数据管理知识体系指南[M]. 马欢，刘晨，等译. 北京：清华大学出版社，2012.

[5] 齐爱民，盘佳. 数据权、数据主权的确立与大数据保护的基本原则[J]. 苏州大学学报（哲学社会科学版），2015，36（1）：64-70.

[6] 蔡翠红. 云时代数据主权概念及其运用前景[J]. 现代国际关系，2013（12）：58-65.

[7] 何波. 数据主权的发展、挑战与应对[J]. 网络信息法学研究，2019（1）：201-216.

[8] 王利明. 人格权法新论[M]. 吉林：吉林人民出版社，1994.

[9] 弓永钦，王健. APEC跨境隐私规则体系与我国的对策[J]. 国际贸易，2014（3）：30-35.

[10] 张舵. 略论个人数据跨境流动的法律标准[J]. 中国政法大学学报, 2018(3): 98-109, 207-208.

[11] 冯洋. 论个人数据保护全球规则的形成路径——以欧盟充分保护原则为中心的探讨[J]. 浙江学刊, 2018(4): 63-72.

第二章

数字贸易发展态势及对跨境数据流动的影响

数字经济的发展使得全球产业链、供应链的布局重新分配。数字经济浪潮已成为不可忽视的一股洪流,代表着未来生产力的发展主流方向,产生的跨境数据无时无刻不渗透进人们的生活,其在自身成指数级增长的同时,也不断壮大着数字贸易发展的规模。数字贸易作为数字经济中的重要一环,可谓是数字经济中最直接且最充分体现跨境数据流动是否有活力的晴雨表。作为全球数字经济发展的基石,跨境数据具有多重属性,与之相伴的是多层面的治理难题。考虑到数字经济天然的跨国属性,数字贸易自然成为数字经济发展的题中之义,而与之相伴的跨境数据流动也成为全球数字经济发展的基石。本章从数字贸易的起源开始,探讨数字贸易和跨境数据之间的深层次联系,以及对国家治理带来的风险。

一、数字贸易的起源与蓬勃发展

(一)跨境数据流动推动数字贸易发展

从哥伦布发现新大陆起,人类便进入了全球化时代。第一次全球化,地理局限的突破使得全球贸易成为可能,人们开始对有限的初级产品开展贸易。第二次全球化,第一次工业革命和第二次工业革命的到来极大地提高了生产力,工业制成品贸易大幅增长。第三次全球化,以国际组织和规则为基础的国际治理体系日益完善,推动国际分工进一步深化、细化,中间品贸易开始兴起。第四次全球化,数字经济的发展使得国际间经济关系从物理世界转向了数字世界,以信息交互为基础的跨境电子商务蓬勃发展,以数据和数据形式存在的产品和服务贸易快速增长。

数字贸易因为有了信息技术的加成,为传统形式的贸易行为带来了巨大的变革。首先,数字贸易打破了空间限制。在传统贸易模式中,消费者和商家的交流极大地受到了空间范围的限制。信息技术和贸易行为融合后,消费者可以实时浏览全球范围内的商品,商家也可以凭借网上商城直达世界各地的消费者。其次,数字贸易大幅简化了贸易流程,有效降低了贸易成本。消费者只需通过网络进行下单,商品便可以经过四通八达的物流系统直接送达消费者手中,商家甚至无须与消费者沟通就能完成商品出售。数字贸易以其显著优势极大地促进了世界经济的发展,数字贸易的规模也随着全球化和信息化的推进而不断扩张。

在数字经济条件下,人工智能逐渐替代制造和服务的工序,数据质量、数据收集成本及跨境数字技术和制度成本逐渐成为影响一国比较优势和国际贸易的新要素。传统劳动密集型产品逐渐被数字密集型产品替代。需要从数字技术和数字制度两个方面分析数字技术作为要素投入对国际贸易产生的影响。根据产品的构成,数字贸易概念的演进主要分为两个阶段,第一个阶段是2010—2013年,将其视为数字产品与服务贸易阶段。这一阶段的标的仅包括数字产品和服务。第二个阶段为2014年至今,业界将其视为实体货物、数字产品与服务贸易阶段,这一阶段强调数字贸易是由数字技术实现的贸易。跨境数据流动是数字贸易的基础,是数字贸易区别于货物贸易和服务贸易的根本所在。

(二)数字贸易成为经济交往主流模式

20世纪,以货物和金融贸易为基本特征的全球化进程,正逐渐被跨境数据流动及依托于此的数字经济所替代。麦肯锡2016年发布的咨询报告显示,自2008年以后,全球货物和金融贸易增长就陷入停滞状态,而跨境数据流动的体量却在2005年后的10年间增长了45倍;全球范围内86%的技术创业企业具有跨境业务,而超过9亿社交网络用户具有国际联系,3.6亿网民参与过跨境电子商务。此外,麦肯锡全球研究院(MGI)在其2019年的报告《中国与世界:理解变化中的经济联系》中指出，中国虽然数字经济体量庞大，但很多方面并未与世界充分融合。其中，中国商品贸易额占全球商品贸易额的 11%，但服务贸易额仅占全球服务贸易总额的 6% 左右。中国有 8.02 亿网民，但跨境数据流动的规模仅为美国的 20%，与新加坡的规模相当。根据以上数据可以预见，我国数字贸易有着很大的发展空间，可进一步挖掘。

研究数字贸易，一定要破除传统的物品交易的概念。除典型的制造业产品、下载电影和视频游戏等终端产品外，跨境电商、金融科技领域，在线视频、游戏等生活娱乐领域，以及教育和医疗等传统服务领域也在向数字贸易领域扩展。数字经济全球化时代，制造商的业务管理需整合多个层面，包括相关信息流、通信渠道（电子邮件和互联网协议语音）、电子商务及网上银行的财务数据。多维度的系统性建设有助于提升厂商的生产力和竞争力。数字贸易宽泛的定义，使其比传统的货物和服务贸易适用范围更广泛、含义更复杂，因而更具有不确定性。随着互联网的兴起及全球各地贸易持续、深入的发展，数字贸易渐渐超过传统国际贸易，成为不同国家和地区之间经济交往的主流模式，创造了极大的经济价值，并且随着数字经济的进一步发展，数字贸易会有更加长足的进步。《中华人民共和国国民经济和社会发展第十四个五年规划和2035年远景目标纲要》（以下简称"十四五"规划）提出，我国应顺从时代发展潮流，大力发展数字经济。本章后续篇幅将详细论述国际贸易在数字经济的助力下如何开疆拓土，并试图解析数字贸易与跨境数据之间的相互助力。

（三）数字贸易方式和对象的"双数字化"

关注数字贸易的发展，或者关注数据和贸易本身都是过于片面的。数字贸易是个宏大的主题，是数字经济背景下贸易形态的系统升级。从业态萌芽阶段新型商品的产生，到商品交换形式的变化，与其相伴的数字服务也扮演着越来越重要的角色。

中国信息通信研究院发布的《数字贸易发展白皮书（2020年）》指出，关键的数字服务包括云存储计算、数字平台、人工智能、5G网络、区块链。这些都是当前最热门的科技领域，几乎可以为数字领域中的所有服务提供技术支持。数字贸易简而言之，包括"贸易方式数字化"和"贸易对象数字化"两种类型。

贸易方式数字化是指信息技术渗透到传统贸易开展的全过程和各环节，对贸易进行赋能，如电子商务、线上广告、数字海关、智慧物流等。贸易对象数字化是指数据和以数据形式存在的产品和服务贸易，目前主要包括：研发、生产和消费等基础数据，图书、影音、软件等数字产品，以及线上提供的教育、医疗、社交、云计算、人工智能等数字服务。截至 2018 年 12 月，有超过 12% 的跨境货物贸易通过数字化平台实现，全球服务贸易中超过 50% 实现了数字化。从产业领域分布来看，当前数字贸易主要集中在文化、数字通信、金融和保险、制造、零售等产业。

（四）数字技术助推数字贸易蓬勃发展

随着数字化技术的广泛应用、贸易壁垒的减少，跨境电商等诸多数字贸易形式有了大踏步发展的机会，推动了全球数字贸易的进一步融合。相关企业积极地参与全球数字贸易，自身借势得到了良好的发展。目前，多数参与数字贸易的国家较多停留在跨境电商等初级阶段，随着技术和应用的深度结合、制度的逐步完善，产业会有更为长足的发展机会。

我国一些中小企业凭借自身灵活性的优势，开始将越来越多的精力放在了产品研发上。此前我们总被人戏谑处于"微笑曲线"的底端。但随着社会经济的发展，国内的商贸企业也在一点点转型。这是市场本身的力量，也是国家产业转型升级推动的结果。我国已成为电子商务第一大国，跨境电子商务发展势头良好。商务部 2020 年发布的《中国电子商务报告（2019 年）》数据显示，全国电子商务交易额达 34.81 万亿元，电子商务从业人员达 5125.65 万人。随着《电子商务法》的颁布，配套相关法规及公共服务平台得到逐步完善。跨境电商成为外贸转型升级的重要方向，跨境电商业态逐步成熟壮大。截至 2020 年 1 月，我国已经与五大洲的 22 个国家建立了双边电子商务的合作机制，"丝路电商"作为贸易合作的新渠道，在全球范围内受到了广泛的关注。2015 年起，我国跨境电商出口总额逐年递增，保持了稳定的上升势头。2019 年，我国通过海关跨境电子商务管理平台的零售进出口商品总额达 1862.1 亿元，同比增长 38.3%。

二、数字贸易发展态势

数字贸易依托跨境电商这种初级业态,逐步升级为服务贸易等新兴业态。数字贸易是跨境数据流动的载体,二者早已成为不可分割的有机体。随着跨境数据流动规模的急速增加,数字贸易对经济增长的影响现已超过传统的货物流动,成为推动全球经济发展的重要力量。我们不可断言数字贸易这一经济形态最终将会走向何处,但可以充分肯定的是,数字贸易在未来较长时间内仍将是全球数字经济增长的重要一极。

(一)全球发展态势

如今,数字贸易有了数字经济多重元素的加持如虎添翼,传统贸易因地缘因素带来的障碍在数字贸易面前已不值一提。但与之带来的问题则是经济本就不发达的国家和地区更为被动,或难以像发达国家一样乘着数字经济的快车,享受数字贸易带来的红利。此外,数字经济因牵扯议题较为庞杂,海量的数据流动问题也使得主权国家不得不谨慎为之。各国对于数字经济的重视,使得跨境数据流动朝更加规范化的方向发展。

1. 数字贸易重塑全球贸易体系

有评论指出,数字贸易是全球化新阶段的核心,深刻改变了传统国际贸易形成的全球格局。数字贸易不受限于国家和地区的地理边界,让本就互联互通的全球化经济有了更为深入的融合。2008年以来,以信息技术为核心的新科技革命迅猛发展,经济全球化及全球性产业结构调整步伐加快。通信技术的飞速发展和应用在全球范围内掀起的一场"数字革命",正广泛而深刻地影响着社会经济各个领域。数字贸易作为数字经济的重要组成部分,正成为推动传统贸易转型升级的核心力量和发展方向,将深化国际分工、改变贸易方式、重塑贸易体系,已经深入国际贸易流程的核心。

有专门机构做过测算,如果把数字贸易从货物贸易和服务贸易中单列出来,自2019年起，今后10~15年时间，数字贸易将保持25%左右的高速增长，而同期全球货物贸易增速是2%左右，服务贸易增速是15%左右。20年后世界贸易格局将变为三分之一货物贸易（剔除数字部分）、三分之一服务贸易（剔除数字部分）和三分之一数字贸易。我国这一趋势也十分明显。商务部数据显示，2021年中国服务出口增幅大于进口26.6个百分点，带动服务贸易逆差下降69.5%（降至2112.7亿元），为2011年以来的最低值。官方数据显示，2021年中国知识密集型服务出口增长18%，其中个人文化和娱乐服务、知识产权使用费、电信计算机和信息服务出口分别增长35%、26.9%、22.3%。与传统的国际贸易相比，数字贸易的相对成本较低，做到了有网便可交易。贸易成本的降低、中间环节的减少、生态系统的智能互联、弱势群体的广泛参与和个性偏好的充分体现等特征，都随着时代的进步越发鲜明。数字贸易对现代全球数字经济的推动作用由此可见一斑。

随着各国在数字贸易领域的投入，全球经济的格局将会被进一步改写。可以预见，数字贸易产业链较为完整、通信领域基础设施较为完善、相关法规制度较为健全的国家将在数字贸易大发展的时代脱颖而出。

2. 数字贸易进一步加大南北差距

根据中国信息通信研究院发布的《数字贸易发展白皮书（2020年）》，2019年，发达经济体数字服务出口规模达24310.0亿美元，在全球数字服务出口中的占比达76.1%，数字服务出口规模已超过其在服务贸易和货物贸易中的占比。美欧主导全球数字贸易市场。美国是数字经济发展的最大受益者，获得全球互联网收入的30%以上。绝大部分科技企业的云服务终端都位于美国境内，大部分科技巨头也将数据存储在美国境内。截至2020年12月，谷歌在全球共有21座大型数据中心，在美国有13座，其他分别分布在智利1座、北欧5座、亚洲的中国台湾地区和新加坡各1座。

任何一个国家的资源都是有限的，全面开花的理想状态对于发展中国家来说并不适用。各个国家数字经济发展水平、核心利益诉求都有所差别。中国国际经济交流中心美欧研究所首席研究员、中国新供给经济学50人论坛副秘书长张茉楠曾指出，中国等新型经济体更注重普惠贸易与数字贸易的便利化和信息安全等问题，而发达国家多强调贸易规则、税收管辖权等问题。围绕跨境数据流动等问题，不同发展阶段的国家针对此类议题的立场差别是巨大的，反垄断的基点和角度是不同的。在欧洲国际政治经济中心（ECIPE）的数字经济限制指数评价结果中，新兴国家对数字经济的限制度高，老牌国家限制度低；发展中国家限制度高，发达国家限制度低；受到欧盟庇护的欧洲小国基本都位于限制度低的区间。ECIPE指出，数字贸易限制度高是"穷国"之所以"穷"、"富国"之所以"富"的原因。各国因各自经济发展水平不同，对数据及其背后相关资源占有情况不同，而对数据资源的开放程度持不同态度。

数字贸易以信息通信技术作为支撑，其技术上的门槛是横亘在发达国家与发展中国家之间的最大梗阻。云计算、大数据、移动互联网等新型信息通信技术虽然可以在极大程度上助力数字贸易的发展，但因前期研发和基础设施等大量投入，数字贸易的发展便不能"空手套白狼"。发达经济体在资本和技术上具有优势，加之后期持续不断地在数字贸易上赋能，令发展中国家无论是长期还是短期都难以超越。并且，随着智能制造技术和工业互联网的深入发展，许多跨国公司正在将生产制造环节变得高度标准化、模块化、数字化。这样一来，跨国公司研发部门就可以通过数据跨境流动，向设在发展中国家的工厂输出数字服务，远程控制生产制造全过程。这意味着关键技术工艺和流程将被牢牢掌握在跨国公司总部手中，发展中国家通过引进、消化、吸收进行技术升级的难度将进一步加大，这对全球价值分工和收益分配也将带来连锁影响。

此外，数字贸易的目标已不再仅仅是实现货物、服务与生产要素的高效交换，而是以制造业智能化作为历史使命。有分析指出，通过数字贸易的联结，来自世界各地的多样化、个性化需求被反映到产品研发、设计与生产过程中。制造业企业在努力满足消费者需求的过程中，将不断推动生产过程的柔性化改造，最终实现数字化、智能化的升级。此外，相较于实物商品，发达经济体在数字贸易方面更偏向于数字服务，即资本、技术密集型的高收益数字服务，这些都是发展中国家在短期内难以实现的。

数字经济处于萌发期和成长期的国家需要时间来建设数据基础设施，从而补齐能力上的短板。由于在数字经济发展中暂时落后，这些国家主要关注的问题在于如何弥补数字鸿沟、提高自身数字能力建设、为国内产业保留生存和转型空间等。在美欧对各自规则进行强力推行的大环境下，这些国家在数字经济的竞争中会处于极为不利的地位。

3. 相关治理逐步规范化

数字贸易天然带有数字经济和贸易两种属性，使其较传统贸易而言带有更多不确定性。我们必须承认数字贸易开启了新的赛道，在全球经济下行的背景下给发展带来了新的可能。新业态对经济的促进作用不可忽视，受到了各国的广泛关注，并在法律治理层面上不断发力。但是，受不同的价值观、历史文化、法律法规等因素的影响，以及出于数据安全的考虑，目前尚无放之四海而皆准的治理范式，大多数国家都在数字贸易的治理上保持亦步亦趋的态势。

跨境数据的安全性是数字贸易得以良性运转发展最根本、最核心的基础之一，也是各国制定数字贸易政策法规的关注点。各国根据国际形势和自身经济发展情况制定了不同程度的数据保护措施。数字贸易规则的发展相较业态更为复杂，经历了三个阶段：WTO 电信规则的出现和形成（20 世纪 90 年代）、电信规则的深化和补充（21 世纪前 10 年）和数字贸易规则的形成（2010 年后至今）。目前，绝大部分国家和地区已经进入了第二个发展阶段，即上层 ICT 服务和应用的创新和普及。第三个发展阶段的参与者目前仅限于数字贸易发展较为成熟的国家。

自 20 世纪 90 年代中期后，各国开始通过立法开放电信市场，建立起电信业外资准入制度体系。据 ITU 统计，截至 2016 年年底，全球 149 个国家中已有 90 个国家（占总数的 60%）对外资持股比例没有限制。从地区情况来看，亚太地区对外资不设限制的比例最高，为 70%；其次是欧洲，达 61%；最低的是阿拉伯地区，仅为 40%。目前，各国之间的 FTA 谈判中，特别是美国、澳大利亚、日本、韩国等发达国家主要参与的谈判，在服务贸易方面，主张对电信、电子商务等新领域设立专门章节规定（见表 2-1）。

表 2-1 部分国家签订协定中含有的电信规则情况

国家	日本	韩国	澳大利亚	美国	智利
数量（个）	15/14	15/14	10/9	14/13	19/9

注：表中数字表示签订的协定总数/制定了电信规则的协定数。

资料来源：《数字贸易的国际规则》。

(二)我国发展态势

在经济下行的背景下,各个国家都在谋求转型升级。我国党和政府也是力图充分抓住这一历史机遇,出台各项大政方针推动数字经济的发展。在统筹布局上,不仅尝试打通各个堵点,还积极促成 RCEP 等自由贸易协定的签订,致力于提升我国在双边、多边对话中的话语权。在国内基本盘面上,多措并举创造良好的营商环境,并借着数字贸易的东风助力制造业转型升级,增强经济发展活力。国内国外双管齐下,促进双循环大发展。

1. 我国数字贸易前景可期

我国从产业结构上来看,未处于数字贸易的第一梯队,但整体发展态势同美国等数字贸易发达国家一致,服务贸易数字化已是不可逆的态势。数字贸易是实现贸易强国建设的关键突破,提升中国在全球价值链中的地位是根本要求。我国数字服务出口结构调整与全球发展态势基本一致。2019 年,我国内容娱乐类数字贸易规模约为 279.6 亿元,占数字贸易进出口总额的比重较小,约为 2.0%,但数字融合比高达 75.8%,仅次于排名第一的信息通信类数字贸易。近年来,我国数字内容娱乐的多个细分领域国际竞争力显著提升,社交媒体加速拓展海外市场。以网络游戏为例,从海外市场来看,2021 年中国自主研发游戏海外市场实际销售收入继续保持较高的增长态势,实际销售收入达 180.13 亿美元,较 2020 年增加了 25.63 亿美元,同比增长 16.59%,海外市场的国家和地区数量明显增多,出海产品类型更加多元,游戏出海已经成为越来越多中小型游戏公司的主要策略。网络文学出海的前景也较为乐观,我国在东南亚、欧美网络文学市场的份额逐渐扩大。

"十四五"规划的第五篇"加快数字化发展 建设数字中国"中的第十五章"打造数字经济新优势"提出,"充分发挥海量数据和丰富应用场景优势,促进数字技术与实体经济深度融合,赋能传统产业转型升级,催生新产业新业态新模式,壮大经济发展新引擎。""十四五"规划为我国社会经济的发展描绘了宏伟的蓝图,但若只有顶层设计,没有配套的硬件等基础设施,数字贸易相关的大政方针则难以落地。在 2018 年中央经济工作会议上,我国把 5G、人工智能、工业互联网、物联网定义为"新型基础设施建设"。之后,"加强新一代信息基础设施建设"被列入了《2019年政府工作报告》。此后，工业和信息化部于2020年发布了《工业和信息化部办公厅关于推动工业互联网加快发展的通知》，进一步明确指出，新基建主要包括5G基站建设、特高压、城际高速铁路和城市轨道交通、新能源汽车充电桩、大数据中心、人工智能、工业互联网七大领域，涉及诸多产业链。目前，我国已为数字贸易顶层设计搭好了"四梁八柱"，并逐渐完善基础设施建设，此后数字贸易能否真正落地，则考验着各个地区的治理水平。

从目前的趋势来看，我国数字贸易发展前景良好。阿里巴巴董事局主席、首席执行官张勇在2020年世界互联网大会互联网发展论坛上指出，"2020年整个'双11'购物季4982亿元成交额的背后，我们感受到了中国经济的活力和内需的强大动力。同时，我们也看到在这个购物季当中，阿里巴巴平台上产生的物流订单达到23.2亿个，比11年前刚开始'双11'时增长了9000倍，但是整个运送过程有条不紊、高效地完成，体现了中国数字商业基础设施建设的巨大成就。"

随着我国数字经济的蓬勃发展，数字贸易的体量会越来越大。这是机遇，也是挑战。数字贸易是个不断变化的事物。未来，在在华企业相关规则制定、打造多元化平台、营造良好的营商环境等方面，还有很大的发展空间。

2. RCEP等自由贸易协定落地将产生积极意义

《区域全面经济伙伴关系协定》（RCEP）历时八年谈判，终于在2020年11月15日正式签署，并于2022年1月1日对文莱、柬埔寨、中国、日本、新西兰等10国正式生效。我国涉及关税减让、海关程序简化、服务贸易开放措施、知识产权全面保护承诺及行政措施和程序合规等一系列领域的义务。关于RCEP对于我国数字贸易发展的意义，自签署之日起，就有着广泛的讨论。RCEP的签订无论是对中国的发展、区域性共同建设，还是对推动世界范围的数字贸易，都将起到不可忽视的作用。

首先，RCEP有助于推动解决数据确权和认证问题。中国服务贸易协会首席专家、中国国际贸易促进委员会原副会长张伟表示，"数据要素市场的建立基础最根本的就是确定数字身份，这是要素市场的基石，数据要素则需要双边或多边相互认证网络数字身份。近年来，数字贸易逐渐呈现战略性竞争的发展态势，不少经济体正在追求分化性的数字贸易政策。部分发展中国家在数字经济政策、跨境数据流动规则等方面处于防御地位。例如,印度、印度尼西亚及南非等国对全球电子商务谈判持反对意见,均拒绝在《数字经济大阪宣言》上签字。解决跨境数据自由流动应该是数字贸易快速推动全球经济发展的当务之急,根源就在于数字确权和认证。"RCEP 背靠命运共同体这一宏大主题,站在发展中国家的角度,充分保障了发展中国家数字确权这一要素,可谓是解决了发展中国家的后顾之忧。

其次,RCEP 可推动全球规则的制定。即使在世界贸易组织(WTO)层面都未形成数字贸易领域的有效规则,而 RCEP 可通过区域一体化效应,增加共识,深化实践,推动该领域在全球的进展。如何将数据要素转换成价值,并形成全球性贸易,一直是业界的难题。RCEP 协议共涉及 15 个国家,这些国家互补性强,签署 RCEP 将大幅降低 RCEP 成员国解决此类问题的难度。张伟表示,"目前多边规则滞后制约了全球数字服务贸易的发展,全球数字贸易规则制定滞后于发展实践。在多边层面,WTO 没有针对数字贸易出台专门规则,相关规则多散见于 WTO 框架下的一些协定文本及其附件中。由于对数字技术发展变革缺乏预见性,且掣肘于多哈回合的谈判率,上述多边数字贸易规则在文本设计和操作层面都面临新的挑战。规则制定既包括技术方面,同时也涵盖监管和协同方面,在数据流动方面要有足够的包容性。"RCEP 在充分尊重全球规则的基础上,以一种全新的视角去推动全球规则的制定。在数字贸易高速发展的今天,非常需要顶层制度设计来规范产业的发展。

最后,RCEP 有望推动数字产品嵌入全球价值链的进展。数字产品在全球货物交易中占比的提升有目共睹。如何充分融入产业链、价值链的分配体系则是相关国家、多边组织共同面临的难题。张伟表示,"2000 年中间品贸易只占全球贸易的 10% 左右,2010 年达到 70% 之高。随着全球化的深入发展,全球产品之间的分工进一步细化,数字产品实行标识化是必然的过程,将来所有的贸易产品都会嵌入数字商标或标识。数字产品作为一种新型的贸易形式,在全球价值链中的作用越来越大。以工业互联网为主导的新型数字产品,正在颠覆全球价值链的全球分布体系和全球贸易利益分配体系。"RCEP 的制定小组充分认识到了数字产品在数字经济发展过程中举足轻重的地位,也深刻洞察出数字贸易全产业链才是未来数字经济发展的正确方向。

3. 我国中小企业借东风多元化发展

互联网技术对社会各个领域的赋能，产生了一系列前所未有的变革。中小企业因体量较小，在跨国贸易中并不占优势。当前，因数字贸易具有天然的信息通畅属性，缓解了跨国企业的压力，为中小企业充分参与数字贸易赢得了机会。我国自加入WTO后，中小企业受惠于网络强国、数字中国等诸多国家战略的有效部署，与世界各个角落充分连接。2020年新冠肺炎疫情期间，我国经济"风景这边独好"，外贸企业加足马力复工复产。虽然上半年有所损失，但下半年因欧美等国家和地区的疫情迟迟不见好转，赶上了圣诞节订单等时机，较好地挽回了损失。

总体来看，数字贸易从降低成本、减少中间环节、精细化服务三个方面为中小企业带来了发展动力，并为数字贸易深度发展提供了可能性。

首先，相较于传统贸易，数字贸易成本大幅降低。传统贸易的报关、样品确认、货款支付等环节往往牵扯大量的人力、物力，不仅费时费力，还面临货物迟交、产品质量不过关等风险。当前，随着ICT技术的普及及我国对数字贸易的大力支持，物流、海关等原本需要委托专人处理的流程性操作得到优化。企业可减少雇佣成本，更加专注于产品本身。这对于产品质量和企业信誉的提升都是极大的利好。

其次，贸易的中间环节大幅减少。互联网时代对各行业的最直接影响就是中介的消亡。无论是旅游、出国留学，还是跨境医疗，都因网络的互联互通得到了长足的发展。现代社会，人类因为有了互联网的加持，可以在极短的时间内快速了解未知事物。数字贸易也因为ICT技术的助力，极大地简化了中间环节，将贸易的流程从传统的B to B to C更多地转向B to C或是C to C，从而提高了生产力。

最后，数字贸易可使交易双方个性偏好得以充分体现。有了前述两个优势的加持，企业在和消费者的沟通上更加从容。交易双方的直接对话省时省力，不出国门便可商讨产品设计、交货方式等各个细节。交易双方在充分沟通的同时，双方的主动性也大幅提升，可谓是一举多得。

4. 数字经济改善社会民生

数字贸易在带动我国经济发展的同时，还促进了其他领域的进步，为社会发展的多元化提供了可能。以民生领域为例，教育、医疗、就业等方面，都因数字经济拓展了新的市场，改变了发展模式。跨境数据也成为各类机构提供公共服务的基础元素。

没有数字经济的发展，我们无法在极不平凡的 2020 年有条不紊地配合世界卫生组织推广大数据排查，也无法在抗击疫情的同时保障经济的有序发展，成为 2020 年全世界唯一一个经济正增长的主要经济体。在数字贸易尚未发展之前，我们无法想象它会对人们带来何种影响。跨境电商的发展，让各地认识到了这种新业态对社会生活的推动作用。现在在家办公、从事跨境电商的年轻人不在少数。截至 2021 年 6 月，全国设立的 42 个跨境电商综合试验区已成为地方推动灵活就业的"先行兵"，可谓是经济下行背景下实现"六稳六保"的新颖尝试。

线上教育的发展，使得对不同领域求知若渴的人们实现了活到老学到老的可能，更为因疫情受困于国内无法出国求学的莘莘学子解了燃眉之急。线上教育早已不是新的话题。在未来几十年，线上教育都会是实现师生沟通、解决教育资源分配不均、不同国家之间文化融合的有力媒介。目前已有 Udacity、网龙等多个教育平台整合资源优势，为海内外学子提供多领域教育服务。

线上医疗的发展同样是智慧医疗的有效尝试。新冠肺炎疫情倒逼数字经济发展，线上医疗在此期间也取得了长足的进步。不少身居海外的华人因为费用、文化等问题，习惯回国看病，疫情期间交通方式的阻断则使这批有需求的人群转向在线问诊平台。这不仅降低了患者及家属的就医成本，也有效缓解了医院的就诊压力。近年来国内尝试的"5G+医疗"模式也为患者远程医疗提供了更多的可能。5G 的低延时特点为医生就诊提供了极大的便利，也为患者减轻了舟车劳顿之苦，还减少了看病的经济成本。

但需要特别注意的是，民生领域因涉及公共服务，是公共治理的重要环节，切不可任由资本"跑马圈地"，否则老百姓很容易受垄断企业摆布，政府也将失去公信力。

5. 积极应对国际市场风险与挑战

放眼全球，自 2008 年金融危机之后，本已元气大伤的世界经济，在新冠肺炎疫情的冲击下所受损失更是难以估量。经济学人智库指出，全球国内生产总

跨境数据流动：全球治理趋势与我国规制策略

值（GDP）要到 2022 年才会恢复到 2019 年的水平。新冠肺炎疫情不仅直接影响了传统的经济发展模式，更是对国际秩序造成了冲击。

党的十九届五中全会指出，要加快构建以国内大循环为主体、国内国际双循环相互促进的新发展格局。数字贸易正逐渐成为全球经济中的发展新主流。在 2020 年数字贸易发展趋势和前沿高峰论坛上，数据对于服务贸易乃至国内国际双循环的加速作用成为很多业内人士关注的焦点。时任中国科协常务副主席怀进鹏表示，"2019 年全球公有云服务市场规模同比增长 26%，全球服务贸易中一半以上已实现数字化。新冠肺炎疫情蔓延使国际贸易面临严峻挑战，数字化成为降低疫情影响、对冲经济下行的希望所在。"商务部副部长王炳南表示，"当今世界正在经历更大范围、更深层次的科技革命和产业变革。数字贸易一方面能够通过数据流动，加强各产业间知识和技术要素的共享，引领各产业协同融合，带动传统产业数字化转型并向全球价值链高端延伸；另一方面，数字技术带来颠覆性创新，催生大量贸易新业态、新模式，整体大幅提升全球价值链地位。未来，数字贸易必将成为推动中国对外开放向格局更优、层次更深、水平更高方向发展的重要抓手。"

贸易数字化相应的电子支付等数字化手段，相关领域的新业态、新模式及推动企业的数字化转型，都可在一定程度上抵御经济下行带来的风险。在开放的大环境下，我国传统的外贸发展优势或难以为继。贸易数字化可增强比较竞争的新优势，加强外贸综合竞争力。据有关机构测算，数字化赋能产业发展可使成本降低 17.6%，营收增加 22.6%。贸易数字化将数据要素与传统外贸产业相结合，可提高全要素生产率。我国要做深做透"数字化+自贸区"这一领域的推进和落实工作，依托现有的跨境电商综合试验区，培育一批以数字贸易为发展重点的服务贸易示范基地。搭建数字贸易资源配置平台，完善跨境电商公共服务平台功能。加强与国际组织、产业联盟、科研机构等的战略合作，推进数字贸易领域国际合作的试点示范，支持数字贸易国际合作标杆性项目落地。探索与数字贸易相适应的金融体系，参与构建全球跨境电商体系。

数字贸易仅仅是数字经济诸多形态中的一种，但其为企业赋能后，可以不断拓宽企业发展的路径。企业的生存动向是国家经济发展的晴雨表，也是稳就业的基石。在经济下行背景下，只有企业良好发展，百姓安居乐业，才能给国家在世界经济舞台上争夺话语权提供底气,也是中华民族屹立于世界强林而不倒的前提。

6. 完善数字服务治理体系任重道远

对于我国而言,数字服务贸易是我国数字贸易当前发展亟须提升的短板。类似于数字贸易的概念,当前,国际上对数字服务贸易的认识并不统一,可将其视作通过网络跨境传输交付的产品和服务贸易,是数字贸易的重要组成部分。

数字服务贸易已成为数字贸易中发展的主流。数据显示,近十年全球数字服务贸易快速增长,超过同期服务贸易和货物贸易,全球贸易呈现服务化趋势。从主要经济体来看,发展中国家与发达国家数字服务贸易在规模、占比和竞争力水平上均存在较大差距,并呈现一定的扩大趋势。从数字贸易构成来看,最主要的五类数字服务类别分别是工程开发、保险金融、知识产权、计算机和管理咨询;电信、文化娱乐、信息服务出口相对较少。这说明,知识技术密集型的数字服务贸易更具发展潜力。联合国贸易与发展会议数据显示,2014—2018年,中国、印度在世界服务出口中的占比仅分别提升了0.61%和0.14%。我国虽然不能改变仍然是并将长期属于发展中国家这一事实,但仍要看到我国在数字服务贸易领域有着较大的优势,未来前景可期。一是我国数字服务出口位居世界前列,且增速超过绝大多数主要经济体;二是我国计算机服务出口具备一定竞争优势,且有进一步加强的趋势。计算机服务正是我国增长最快、最具潜力的数字服务出口产品之一。

但是,基于我国在相关领域的积淀不足,仍然面临较大挑战。首先,我国数字服务贸易整体竞争力不足,数字服务贸易出口排名远远落后于传统货物贸易,且常年存在逆差。其次,我国跨境数字服务治理体系有待进一步完善。我国目前的治理体系难以对跨境数字服务进口中许多新出现的数字产品和服务进行有效监管,可能导致潜在的经济风险。最后,我国目前仅能被动跟随并回应美国、欧盟、日本等发达经济体的规则主张,亟待构建本国数字服务贸易规则方案。根据我国数字服务贸易发展现状,业内人士建议我国应把握数字服务贸易发展机遇,推动数字服务产业创新发展,鼓励和支持企业参与全球数字服务分工,完善数字服务治理体系,与相似发展水平的国家一同推动包容性数字贸易规则体系的建设。

三、数字贸易发展对跨境数据流动的影响

数据是信息交换的载体。不同地区、国家之间信息流动规模的增长，造就了跨境数据流动形态的变化，这是行业发展不断积累带来的由量变到质变的结果。这其中，不仅有技术的进步，也带动了社会形态的调整。全球数字贸易的规模与日俱增，其核心推动力主要体现为两个方面，即贸易方式数字化和贸易对象数字化。贸易方式数字化由大型科技公司主导，科技公司下属的数字平台已成为国际贸易的重要载体，推动传统贸易方式的各类商业场景进一步数字化；贸易对象数字化则是基于数据要素产生的商品和服务，二者已成为重要的贸易标的。数字贸易现已成为全球经济数字化发展的重要推动力，衍生的数字价值链对传统国际贸易秩序下的利益分配体系产生了巨大冲击。各国通过加强对跨境数据流动的规制把控数据要素流动，从而提升在全球数字贸易格局中的竞争力。在此背景下，研究数字贸易与跨境数据流动的相互影响，就显得尤为重要。

（一）业态变迁

跨境数据流动及其业态作为新兴事物，尚未得到社会的广泛认识。因其概念较为抽象，且绝大多数人无法感受到与自身生活的密切联系，数据产生、流动等各环节的相关命题仍有待深入探讨。跨境数据流动全球治理的复杂性不仅在于数据本身附带的多重价值，全球业态的变化也在客观上要求治理体系和治理机制的与时俱进。

早在20世纪末，受益于全球化和互联网的快速发展，跨境数据流动的治理问题便引起了决策者的关注。彼时较为典型的两个案例是：1989年法国菲亚特公司与其意大利母公司之间的人力资源数据传输，以及1995年因德国联邦铁路公司与花旗银行联合发行信用卡所导致的德国顾客个人信息流入美国。在这两个案例中，跨境数据流动都只是局限于从"点A"到"点B"的点对点传输，相应的规制措施也只需聚焦传输主体而无须考虑更为复杂的数据流动过程。但进入21世纪后，互联网的普及催生了更为复杂的数字经济业态，跨境数据流动的

规模以指数级增长，并在此过程中发生了四大转变。

1. 数据交换转变为实时连续流动

首先，该业态的第一个变化，是原有的"点对点"双向数据交换转变为牵涉多主体、多环节、多方向的实时连续流动。20世纪末的跨境数据流动以"点对点"的数据交换为主，如分处两个国家的两个公司出于业务需要进行的数据交换。该阶段处理数据的主体是清晰的、过程是明确的，数据流动发生的次数是有限的、零散的。随着技术的快速发展，数据从起点到终点的过程中可能会经过多个主体、多个环节，而流动频率也相应转变为实时且连续不断，而且这种变化在未来可能还会进一步演进。有分析指出，数据传输"很少是单向的"。数据流动不能认为是一个离散的事件，它是一个连续的过程。许多相互连接的系统将互相作用，针对特定用户产生不同的数据集。

具体来看，在过去的几十年里，数据跨境传输只发生在具有明确的意图之下（例如，某一计算机文件是特意地发送到另一个国家的指定地点的）。如今，互联网的架构和技术解决方案（如云计算）意味着即使数据是传输到同一国家的另一接收主体，也有可能会跨国来传输消息和文件。由于人们日常使用的工具中经常会植入联网设备，从而导致即使没有人工的参与，大量的个人数据也会被传输到国际上。据统计，仅数据分析行业的价值就已经超过了1000亿美元，并且每年以10%的速度增长。

2. 数据流动转变为动态网络进程

因接收数据主体的扩大化，原有静态、可预知、确定的数据流动已经转变为动态的网络进程。在传统模式下，数据在跨境流动之前就已经被准备好（因而是可预知的），并通过确定的中转机构从起点被传输到终点；但就当前而言，IT技术的进步推动了全球分工体系的日益成熟，跨境数据流动随时都可能因为决策的变化而动态调整，并由此成为整个全球网络进程的一部分。为此，参与新规则的制定者面临极为艰巨的任务，即要将现有的国际贸易规则与动态调整的、长期变化的、不受边境限制的数据流动相匹配，并且能够在满足若干条件的前提下，仍保持一定的经济增长速度。

3. 企业间数据传输被个人数据跨境流动取代

在传统业态下,以企业之间数据传输为主的流动现象正在被越来越多的个人数据跨境流动所取代。20世纪末的跨境数据流动主要局限于企业间出于业务需要的数据传输;目前,受益于全球电子商务、社交媒体等新业态的发展,个人数据正在成为跨境数据流动的主体并引发较为普遍的监管关注。改革开放以来,我国经济发展之迅速举世瞩目。我国加入世界贸易组织以后,伴随着互联网的兴起,社交媒体更是以意想不到的方式渗透进社会日常生产生活的方方面面。社交媒体与跨境电商的融合既是产业发展的需要,也是时代的产物。随着互联网技术的深度应用,直播、社交媒体等新型的获客方式成为当前我国跨境电商企业的"标配"。以直播为代表的获客方式给消费者带来了更为直观、生动的购物体验,逐渐成为跨境电商发展的新动力。海淘直播也成为跨境电商营销的重要方式。跨境电商数据显示,购物平台洋码头于2020年"黑五"4天时间共举办直播1742场,直播总时长达429699分钟,横跨四大洲28个国家。全球1000个"扫货神地"走进直播间,消费者足不出户"买全球"成为现实。

除此之外,社交媒体、可穿戴设备、物联网设备等都是产生个人跨境数据流动的大户。留学生、驻外人员通过翻看微博、微信、QQ等社交媒体上的信息了解国内时事、与亲友在线互动。我国国内社交媒体软件影响力较大,很多外国友人都通过微信和本国亲友保持联系。

5G时代是万物皆可互联的时代。虽然在个人用户层面有网民表示无法充分感受到其优质网络特质,但其在工业互联网层面的应用或将对行业产生颠覆性影响。Juniper Research发布的报告显示,到2024年,物联网设备连接总数将超过830亿个。以智能网联汽车为例,数据成为驱动汽车发展的重要价值点。国家工业信息安全发展研究中心2021年发布的《智能网联汽车数据安全研究》指出,未来,车联网企业必将致力于提升数据安全综合防护能力,利用区块链技术、流量检测技术、国密技术等提升综合防护能力。

4. 相关规则制定成为机构工作重点

曾经被忽略的隐私规制、数据保护等价值理念和制度设计已经转变为政府和公司的工作重心和标准配置。20世纪90年代以前,各公司内部普遍没有任何的数据保护机制；但就目前而言，设立专门的数据保护专职人员、建立专门的制度，已成为许多公司的标准"动作"。私人部门、政府主体和公共当局在处理个人数据时有越来越多的互动。越来越多的公司和其他数据控制器将跨境数据的监管放在了一个具有高度战略重要性的位置，这也导致了私营部门在数据监管上的不断投入。在政府治理方面，我国自从加入WTO以后一直高度重视相关工作。2021年5月14日，广东省政府办公厅印发《广东省首席数据官制度试点工作方案》，旨在提高数据治理和数据运营能力，鼓励试点单位先行先试。广东省建立政府首席数据官制度乃全国首创，标志着广东省数据要素市场化配置改革的进一步深化，在我国数字化发展进程中具有里程碑意义。

全球数字化的进程是不可逆的。数字经济的发展势不可挡，无论是何种机构，都越来越深刻地认识到跨境数据治理与机构运营息息相关。跨境数据正在通过各种不同的渠道渗透至人们生活的方方面面，所带来的不同业态的兴起也会反向深刻影响数据流动不同层面的变化。

（二）发展现状

随着数字经济加速渗透进各经济体，跨境数据自由流动对数字贸易的正面效应愈发显现。虽然目前大多数经济体对跨境数据自由流动的接受程度仍持谨慎态度，但是在发展数字贸易的道路上，大多数国家还是持正面态度，将跨境数据流动列入国家治理的重点。跨境数据流动的发展会随着社会经济的发展不断变化。目前来看，数字贸易给各国经济带来了更加多元化的可能性，跨境数据流动规模也会随之呈现指数级的上升趋势。

1. 美欧关注点各有不同

数字经济如火如荼地发展，引得欧美国家纷纷制定相关法律法规，意图把握住行业主动权。但二者的纷争未影响到数字贸易大踏步地发展。当前，随着信息化和全球化的进一步深度融合，数字贸易上升趋势愈发明显。从总体上看，发达国家和部分发展中国家已经基本实现数字贸易市场向民营资本的全面开放，市场竞争主体数量急剧上升。同时，宽带基础设施的重要性上升到国家战略层面，各国通过网络元素非捆绑、基础设施共享、接入关键设施等方式，要求主导运营商将关键元素解放出来分享给竞争者，以促进宽带接入市场的竞争和宽带的普及。

美国可谓是业界的先锋，欧盟则是在法规方面处于领先地位。其中的博弈，一方面是美国科技公司想抢占欧洲市场；另一方面是欧洲高度重视隐私保护，不希望将其过度让位于经济效益。在当前发展阶段，隐私保护、网络中立等议题成为互联网监管的重中之重。同时，跨境数据流动的差异性等成为互联网企业全球化过程中的重大障碍。

欧美之间的战略分歧始于《安全港协议》的废止，背后则是双方理念的不同。《安全港协议》的裁定对 Facebook、谷歌、亚马逊等美国互联网巨头影响重大。除《安全港协议》外，欧美数据《隐私盾协议》也对业界产生了很大的冲击。欧洲当地时间 2020 年 7 月 16 日，欧洲法院推翻了欧盟与美国 2016 年达成的数据传输协议——《隐私盾协议》，裁定该协议无效。

《安全港协议》和《隐私盾协议》的双重废止是出于欧洲对本土公民隐私的考量。受此影响，成千上万的公司或将不得不停止在美国的服务器上存储欧盟居民的信息。科技倡导者表示，阻止向美国传输数据可能会终结跨境数据活动带来的数十亿美元的贸易，包括云服务、人力资源、营销和广告。

2. 安全议题成为关注焦点

数字贸易对于大多数 WTO 成员来讲都是新议题。无论是对数字贸易涉及的经济立场，还是囿于多边、双边谈判带来的效率拖延，目前仅有少数发达国家达成共识。在《安全港协议》废止的背景下，世界各国纷纷举起"数据主权"的大旗，要求变革互联网全球治理体系，跨境数据流动的全球治理变革也自然是题中之义。对数据主权的关注即是对安全层面的关注。数字贸易在给国际经济带来新气象的同时，也给传统的贸易规则带来了不少挑战。目前，全球大多数经济体对跨境数据自由流动的接受程度持谨慎态度。

各国在数据跨境流动安全方面分歧明显：一是国际组织未就数据跨境流动形成明确的规定。目前，WTO 规则框架下的数字贸易规则构建还处于酝酿和起步阶段，数据跨境流动、电子传输关税免征等方面的规则严重缺失。二是不同国家未就数据跨境流动达成广泛共识。美国主张在保障个人隐私的前提下，数据应自由跨境流动，欧盟等则对数据跨境流动进行了不同程度的限制。

在数字经济领域，安全与便利往往不可兼得。一定程度的限制多数出于对自身利益的保护需求。在业界看来，网络安全的限制措施可能会严重阻碍数字贸易的发展。一种是公开源代码要求，另一种是限制使用加密方法或标准。源代码往往具有极高的商业价值，跨国公司担心外国政府当局以网络安全为由不对源代码进行保护。加密标准码通常以本国（企业）为主导。如果要求企业无法使用有效的或更加先进的加密方法，而迫使它们为本国市场创造出独特的加密产品，则会增加研发和服务成本的支出，使产品和服务失去市场竞争力。另外，本国网络安全产品（标准）的优先使用或强制使用还会引发竞争中立的争论。如果本国网络安全产品和服务通常由本国企业提供，有违反垄断制度中禁止"滥用行政权力排除、限制竞争"之嫌。

3. 大体量流动涉及多领域治理

跨境数据流动的发展涉及全球公共治理的诸多层面，有历史、文化、经济、政治等多方面的元素，对于各国体制机制的完善都提出了更高的要求。如何较好地兼顾跨境数据流动治理与数字经济发展，成为全球共性难题，典型的议题包括个人隐私保护、税收制度设计、安全审查要求等。数字贸易仍属新兴事物的范畴，处于不断变化中。随着业态的更新升级，未来还会有更多的因素被纳入考量。

数字贸易发展的不确定性使得大多数国家都深刻感受到了发展压力，欧盟国家在治理跨境数据流动时较为谨慎，并将关注重点集中在个人隐私的保护上。随着个体在国际贸易中参与度的提高，跨境数据流动所承载的个人信息规模不断扩大。由于不同法域之间的隐私保护水平和保护手段存在较大差异，如果允许数据不受监管地自由跨境流动，就很可能会使那些本来受到严格保护的个人隐私因数据的跨境流动而遭到"侵蚀"。由于历史和文化的原因，欧盟对个人隐私的保护历来较为严格。在数字经济时代，保护个人隐私可谓是一场经济利益与社会公共利益的较量。欧盟率先作出了通过更为严格的跨境数据流动监管来实施隐私保护的举动。

此外，因涉及产品入境，关税也是不得不考虑的问题。随着《信息技术协定》（ITA）逐渐被WTO成员所履行，数字产品的零关税范围不断扩大，美国和日本的零关税范围较高，但是其他国家零关税覆盖率相对较低，欧盟部分国家还建立了国外数字产品税收制度。整体来看，跨境电子商务自由化成为主要趋势。而且，多数国家还存在对进出口技术产品的安全审查要求，但是缺乏统一的国际审查标准，各国标准参差不齐。例如，日本、韩国等建立了仅适用于本国的技术认证制度，这使得技术安全审查的可操作空间较大。

四、跨境数据流动孕育的风险

第一章已简要对跨境数据流动对个人信息泄露及企业运营面临的风险进行了分析。本章将从国家层面在数字贸易领域面临的跨境数据流动相关风险进行阐述。需要明确的是，无论是国家层面，还是个人层面，任由跨境数据自由流动都会产生很多问题。规则往往滞后于新生事物的产生。规则的制定一方面是为了规范事物的发展，但同时也是一种限制。在全球化时代，若任由新生事物野蛮生长，相关领域会完全失控，由此产生的风险会波及其他地区和其他领域。若规则制定得太过死板，则会阻碍新生事物进步，甚至引发倒退。所以，规则的制定和实施重要的是掌握尺度，在把握底线、平衡各方利益的基础上，适时根据事物发展情况进行调整。既不可朝令夕改，又不可因循守旧。

安全与发展是全球化时代诸多领域需要面对的议题，数字贸易领域也不例外。全球化时代的风险不因地域受限，再结合数字经济的发展，带来的不确定性更是难以估量。数字贸易领域的良性发展是跨境数据流动与多层面有机配合的结果，体现着不同执政体对国家命运的把控能力。美国贸易代表办公室（USTR）将数字贸易障碍分为数据本地化障碍、技术障碍、网络服务障碍和其他障碍四种类型。USITC 则将限制数字贸易发展的主要风险归纳为数据保护及隐私（包括数据本地化）、网络安全、知识产权、内容审查、市场准入及投资限制六个方面。综合当前我国数字贸易发展情况及跨境数据流动态势，我们将跨境数据面临的风险分为数据安全、隐私保护、产业冲击、情报监控、执法困难五个方面。

（一）数据安全

随着近年来网络攻击事件频发，数据安全受到前所未有的关注。数据是否得到充分保护，直接关系着数字经济运行的有效性。数据保护涉及免受非法复制、传播、篡改等诸多环节，能源、医疗、金融、军事数据都是黑客窃取的常见目标。传统点对点防护理念早已过时，在跨境数据实时大规模流动的今天，防护体系需要频繁、系统性地更新升级。

近年来，世界范围内大规模数据泄露事件屡被曝出。技术服务提供商 NTT 在 2020 年发布的《2020 全球威胁情报报告》中指出，黑客使用的网络攻击工具日趋复杂化、自动化。美国作为传统网络安全强国也无法幸免于难。科洛尼尔是美国大型成品油管道运营商，承担美国东海岸近 45% 的燃油供应的 5500 英里运输管道，该管道被业界看作美国基础设施的"大动脉"。在 2021 年 5 月美国东海岸燃油管道遭到勒索软件的攻击后，炼油、制造、航运等多个产业的经济活动受到了波及。Enel Group 类似于科洛尼尔，是欧洲能源巨头。该公司曾于 2020 年 6 月遭到勒索软件的攻击，并在连续两次的网络攻击中被窃取多达 5TB 的数据。

以上案例给我们以警示，基础设施防护并非一朝一夕之功，稍有不慎则会导致整个产业链的瘫痪。网络攻击往往是不宣而战的。两大巨头遭受网络攻击事件都凸显了网络攻击的无孔不入，以及工业互联网时代防患于未然的重要性。对于关键基础设施的防护若投入不足，会成为国家治理领域的显著短板，一招不慎，满盘皆输。

网络安全是发展数字经济的前提条件，而数据合规成为跨国企业需要解决的重要问题。自上海车展遭遇女车主维权事件后，特斯拉持续深陷负面舆论泥潭，更引发了行业对智能汽车领域数据监管的热议。特斯拉于 2021 年 5 月 25 日宣布已经在中国建立数据中心，以实现数据存储本地化，并将陆续增加更多本地数据中心。所有在中国大陆市场销售车辆所产生的数据，都将存储在中国境内。同时，特斯拉也将向车主开放车辆信息查询平台。此前，苹果与云上贵州达成合作，保障数据不出境，特斯拉或参考其模式。特斯拉此举实质上是为应对即将到来的监管做准备，是未来必须要履行的法律义务。特斯拉事件给我们敲响了警钟。在机构面临公关危机时，第一时间内公开、透明地披露信息是第一准则。特斯拉这次在数据披露上的拖延和暧昧态度让公众信任降至冰点。我国企业自准备出海之日起，在熟悉地方法规、民俗文化的同时，也应提前考量数据公开带来的相关风险。既要维护消费者的利益,又要保障数据安全,可谓是跨境数据流动议题中又一难题。大数据时代,跨国商业交往带来的大体量数据流动,会涉及个人信息、地理情况等多重维度。类似于特斯拉等车联网企业带来的社会影响,不仅局限于市场效应,而且会涉及国家的政治安全和经济安全等多个层面,具有牵一发而动全身的效果。

本书后面章节将详细阐述国家层面立法状况。从国际上对跨境数据流动网络安全领域的重视程度来说,大多数国家和地区基本都日益重视在网络安全领域进行立法,但仍有国家暂未对该领域进行立法保护,使得数据安全成为薄弱环节。从企业的网络安全投入来看,虽然较多企业意识到网络安全对于企业日常运营的重要性,但仍然存在网络安全预算不足、专业技能人才短缺等问题,这在缺乏资源的中小企业中较为普遍。

(二)隐私保护

平台经济的发展横跨电子商务、社交媒体和各类应用软件,在用户使用过程中产生的跨境数据多为个人数据。这一类数据通过网络上的信息交互,产生的最直接诉求即为对个人信息的保护,与隐私保护密切相关。以何种方式处理相关数据考验着治理者的智慧。

跨境数据流动背景下的个人隐私问题,主要指如何确保个人数据在境外能够得到与其在境内相同程度的隐私保护。具体而言,跨境数据流动涉及的个人隐私保护问题可分为三种类型:一是在境内隐私保护制度不完善的情况下,如何限制个人通过跨境数据流动来规避境内监管制度;二是在已有境内隐私保护制度的情况下,如何确保流至境外的个人数据不会发生隐私风险;三是在流至境外的个人数据发生隐私风险时,保证相关个人能够得到有效救济。

在大数据时代,全球在大力发展数字经济的同时,个人信息保护面临严重危机。很多网民似乎都处于"裸奔"状态,几乎毫无隐私可言。个人信息保护水平,直接决定着数字经济企业未来发展的前景。数字经济企业对个人信息保护不力,可能造成其业务受损、市值下降、高额罚款等经济损失。例如,2017年3月18日,剑桥分析数据咨询公司被指未经用户同意,利用在Facebook上获得的8700万用户的个人资料数据来创建档案,并在2016年美国总统大选期间针对这些人进行定向宣传。受到丑闻影响，Facebook 股价应声大跌 7%，市值缩水 360 多亿美元。在市场层面，数据的自由流动程度直接关系着互联网企业的市场价值，与其利益有着最直接的联系。为此，提供跨境服务的平台能否有效保护个人数据也是衡量其经营能力的重要指标之一。

无论是个人、企业，还是政府部门，个人信息泄露都会对国家社会经济各个方面的创新发展带来不利影响。以电信诈骗为例，在国家各部委的紧密配合之下，每年抓获庞大的有组织犯罪团伙，涉及金额数亿元。这一系列举措有效保护了居民的个人财产安全。但我们也需深刻地意识到，在境外从事电信诈骗的犯罪团伙仍会不断更新其骗术，不择手段地窃取我国居民的个人信息，相关治理工作任重道远。

（三）产业冲击

数字贸易得以快速发展，取决于信息通信技术的更新换代。相关配套服务的生产与消费克服了时间和空间上的分离。首先，各类功能性数字平台的大规模崛起，降低了生产与消费在空间上分离后所不得不承受的搜寻成本、撮合成本和交付成本等。其次，人工智能等信息技术的发展，使得过去需要即时消费的"不可贸易"类服务的生产与消费，具备了在时间上分离的可能，即实现了由不可物化到可物化，由不可跨境交付到可跨境交付的动态调整。例如，利用仿生触觉传感器、通用机器人手臂和虚拟增强技术等的组合，医生可以在世界任何位置远程实时操作手术的全过程，即手术由空间上和时间上难以分离的服务，转变为空间上可分离而时间上不可分离的服务。不同维度的交易成本降低对全球化的影响是不同的。数字贸易创造了新型的生产和消费模式，降低了二者在时间和空间上的成本。物化的产品替代人工的服务，劳动力成本不再是国际资本流动时的重点考虑因素，发展中国家借以参与国际分工的外包业务将大幅收缩。例如，印度和菲律宾作为世界呼叫中心之都的地位，因人工智能的发展而岌岌可危。

不同于个人隐私与公共安全这两类治理议题，部分主权国家限制跨境数据流动主要源自对国内数据产业发展的保护与激励。从产业发展视角限制跨境数据流动的理论有两派。一方视数据跨境流动规则制度更有利于保护并推动本国数据产业的发展。例如，20世纪80年代，美国就对欧盟及加拿大的数据跨境流动存有担忧，其认为相应数据保护制度的建立主要源于各国政府对于国内产业和市场的保护，而非对于隐私或安全的保护。另一方则考虑到当前数据权利已经在全球范围内达成共识，加强数据保护（并因而限制跨境数据流动）并不一定会形成贸易壁垒，其反而可能是重塑消费者信任、挖掘数据价值的机会和策略，典型例证便是欧盟当前普遍加强的数据保护政策改革浪潮。

数字贸易是把双刃剑，它解决了不同地区差异商品的调度难题，但也为欠发达国家带来了追赶的难题。跨境数据实时流动，大体上分为"进""出"两个方向。对于欠发达国家来说，"进"为他们带来了更加丰富的数字化商品，提升了国民的生活质量，但也为当地产业带来了发展的难题。数据输入国或将因发达国家数字产品的攻势太猛被迫重新选择发展路径。这对于当地来说无异于付出了巨大的沉没成本，对本国经济发展也带来了极大的不确定性。以文化产业为例，20世纪90年代风靡大街小巷的音像店、书店是文化交流的重要场所，利润虽薄，但也为解决就业贡献了力量。在MP3、Kindle等电子设备流行后，人们不再选择磁带、CD等存储介质，文化产业也逐渐转向线上等多维度发展。

有了"进"带来的芥蒂，各国在数据"出"的考量上便会更为谨慎。若持保守态度，禁止或限制数据出境，长期来看不仅会影响对外经济交流、合作，也会反噬本国产业发展。产业的保护关系着生存和发展两大难题，在数字经济发展过程中各个国家的产业都受到了不同程度的冲击，但对于发展中国家来讲，发掘新的发展路径要付出比发达国家高得多的成本。

（四）情报监控

在全球数字经济时代，数据这一较为抽象的概念在公共治理领域已正式上位。我们无法得出何种治理模式更为有效，只能在借鉴他国经验的基础上，不断摸索，逐步完善自身的治理体系与国际合作框架。国际局势变迁放大了跨境数据流动之于国家安全的重要性，改变了治理模式。覆巢之下，焉有完卵，在互联互通的时代，没有任何国家是座孤岛，可以独善其身地实现孤立发展。

"棱镜门"事件如同多米诺骨牌一般触动了各个国家敏感的神经。无处不在的数据连接为监控提供了天然的土壤，对于信息安全的认知也从小众领域上升为全民共识。陈少威、贾开等认为，在"棱镜门"事件之前，主权国家并未过多地干涉跨境数据流动，大体上维持了多利益相关体治理的基本模式，但这一平衡被"棱镜门"事件所打破。美国政府大规模数据监控丑闻引发了世界各国的强烈反弹。2013年，时任巴西总统罗塞夫在联合国大会上猛烈抨击了美国国家安全局（NSA）针对巴西政府及其本人的监控行为，并于次年在巴西召开"未来互联网治理全球利益相关者大会"（又称NETmundial），寻求反对美国霸权的替代方案。许多国家或地区专门就跨境数据流动这一议题做出了激烈的政治反应，欧盟中止《安全港协议》、俄罗斯要求公民个人数据的本地化存储都是典型例证。但是，NETmundial大会除苍白空洞的"柔和批评"之外，并未对美国大规模的数据监控行为给出有约束力的限制措施。面对多利益相关方治理模式的这种软弱性，各国政府只得竖起"数据主权"的大旗，再次依托主权国家寻找数据规制的力量，由此或导致更多的跨境数据流动冲突。

2014—2021年，中国连续召开八届"世界互联网大会"，持续讨论互联网全球治理的重构方案，贡献着中国智慧。作为全球化时代的一极，在构建网络空间全球命运共同体上，中国仍需借助各种渠道努力发出"中国的声音"。互联网大会是个平台，在深度融入全球数字经济的浪潮中，为各国政府、国际组织、企业等机构提供发声渠道。而这仅仅是个开始，随着国内、国外两大市场的不断深化交流，还会有更多新型政治经济上的考量。在保护本国公民合法权益与争取经济主动权上，我们需要更为积极的态度和行动。

（五）执法困难

跨境数据治理不同于单一模式的公共治理，需要整合多重社会资源，涵盖网络安全、产业发展、知识产权等诸多方面。没有任何一个国家在数字经济时代甘于落后于人。各个国家对于数据资源的认识越深刻，越会将跨境数据治理置于经济发展的优先议题。为此，各种双边、多边贸易谈判中，跨境数据都成为经济合作的题中之义。

目前，跨境数据流动的保护与规制系统高度分散，全球、地区和国家的利益诉求、监管方法、数据理念各不相同，对数据如何使用和流动所规定的措施差异很大。跨境数据流动规则将在充斥着争议和妥协的环境中不断酝酿和发展。

美国、欧盟各自的实现路径在其各自的历史背景、价值取向、社会文化、政治完整性、经济发展方向等多种因素杂糅下不断巩固。

随着中国逐渐发展为全球数据中心，以及中国经济开放程度越来越深，中国数据跨境流动现象将会更为普遍，由此带来的风险与挑战也愈加严峻。2013年7月，习近平总书记在视察中国科学院时指出："大数据是工业社会的'自由'资源，谁掌握了数据，谁就掌握了主动权。"大数据对于社会经济发展的重要性，如今已无须多论。但如何准确认识并妥善应对数据跨境流动分歧是我国政府推动全球经济治理机制变革过程中面临的突出难题。对中国来说，数字经济能否实现高质量发展，密切关系到我国能否抓住新一轮科技革命与产业革新的机遇。而数字经济本身具有天然的开放性，因此必然会导致国与国、地区与地区之间的博弈。我国尚未建立起完备的治理体系，正处于旧的治理规则不适用、新的治理规则尚未完全建立起来的阶段。如何在执法过程中维护自身利益、保持自身数字经济的独立性，又和其他国家维持数字经济的互联互通，是长周期的治理难题。

在大数据时代，个人信息保护相关法规的制定，对于数字经济企业来说，短期内可能会有阵痛，会增加企业的合规成本。但从长远来看，一定是有利于数字经济企业发展的。企业的规范化操作不仅有利于数字经济企业做大做强，提高国际竞争力，更有利于促进中国数字经济市场的发展。制定个人信息保护法的难点，在于如何平衡个人信息保护与数字经济发展。对个人信息保护过于严厉，可能无法使数据得到充分利用，不利于大数据交易，阻碍技术创新与市场活力，进而不利于整个中国数字经济的发展；但如果对个人信息保护过于宽松，不仅可能使个人隐私容易被侵犯，而且还可能导致大量中国公民个人信息被国外企业或政府收集，从而可能危害社会安全与国家安全。制定个人信息保护的专门法律，是一项系统性工程。

本章参考文献

[1] 国际贸易投资新规则与自贸试验区建设团队. 全球数字贸易促进指数报告（2019）[M]. 上海：立信会计出版社，2019.

[2] 马述忠,房超,梁银锋. 数字贸易及其时代价值与研究展望[J]. 国际贸易问题,2018（10）：16-30.

[3] 张丽娟. 全球化新阶段与贸易政策新挑战[J]. 四川大学学报（哲学社会科学版）,2019（3）：73-80.

[4] 李晨赫. 数字贸易发展如何解决关键问题[N]. 中国青年报,2021-02-02(5).

[5] 白丽芳,左晓栋. 欧洲"数字贸易限制指数"分析[J]. 网络空间安全,2019,10（2）：41-48.

[6] 时业伟. 跨境数据流动中的国际贸易规则：规制、兼容与发展[J]. 比较法研究,2020（4）：173-184.

[7] 中国信息通信研究院互联网法律研究中心. 数字贸易的国际规则[M]. 北京：法律出版社,2019.

[8] 方元欣. 数字贸易成提振经济的重要抓手[J]. 网络传播,2020（10）：30-31.

[9] 王俊岭. 数字贸易将成"双循环"加速器[N]. 人民日报海外版,2020-09-08（3）.

[10] 刘淑春. 数字贸易助力"双循环"战略枢纽建设[N]. 浙江日报,2020-12-28（8）.

[11] 岳云嵩,李柔. 数字服务贸易国际竞争力比较及对我国启示[J]. 中国流通经济,2020,34（4）：12-20.

[12] 刘典. 全球数字贸易的格局演进、发展趋势与中国应对——基于跨境数据流动规制的视角[J]. 学术论坛,2021,44（1）：95-104.

[13] 张帆.WTO 框架下跨境数据流动规制问题研究[D]. 重庆：西南政法大学,2018.

[14] 孙益武. 数字贸易与壁垒：文本解读与规则评析——以 USMCA 为对象[J]. 上海对外经贸大学学报,2019,26（6）：85-96.

[15] 陈红娜. 数字贸易与跨境数据流动规则——基于交易成本视角的分析[J]. 武汉理工大学学报（社会科学版）,2020,2（33）：110-120.

[16] 余振. 全球数字贸易政策：国别特征、立场分野与发展趋势[J]. 国外社会科学,2020（4）：33-44.

[17] 贾开. 跨境数据流动全球治理的"双目标"变革：监管合作与数字贸易[J]. 地方立法研究，2020，5（4）：49-59.

[18] 刘权. 数字经济时代的个人信息保护[J]. 中国经济报告，2018（8）：50-51.

[19] 孙方江. 跨境数据流动：数字经济下的全球博弈与中国选择[J]. 西南金融，2021（1）：3-13.

[20] 陈少威，贾开. 跨境数据流动的全球治理：历史变迁、制度困境与变革路径[J]. 经济社会体制比较，2020（2）：120-128.

第三章

跨境数据流动的全球治理趋势

联合国发布的《2019年数字经济报告》指出，数字经济已成为全球经济发展和贸易增长的新动能。数字经济扩张的驱动因素是数字数据。作为数字经济驱动的产物，跨境数据流动通过提高生产和流通效率推动全球经济增长。当前，跨境数据流动并未形成全球性规制体系，OECD、WTO、APEC等机构的国际数据治理机制缺乏强制力，难以平衡数据保护和自由流动等问题，治理效果并不理想。在此背景下，有必要继续探讨跨境数据流动的全球治理问题。

一、跨境数据流动全球治理的历史演进

跨境数据流动全球治理历经了从"制度差异"到"合作共识"再到"治理冲突"的演变。这一历史演变过程可大致分为三个阶段：主权国家间合作框架的形成（1950—1999年）、公私合作治理创新（2000—2012年）、数据主权下的政策调整（2013年至今）。

（一）1950—1999年：主权国家间合作框架的形成

20世纪后半叶，全球开始重视跨境数据流动引发的治理议题，尤其体现在对个人信息隐私的保护方面。美国是世界上最早提出并通过法规对隐私权予以保护的国家，美国于1974年通过《隐私法案》（*Privacy Act*），1986年颁布《电子通信隐私法案》（*Electronic Communications Privacy Act*，ECPA），1988年制定

跨境数据流动：全球治理趋势与我国规制策略

了《网上儿童隐私权保护法》（Children's Online Privacy Protection Act）等。美国一系列保护公民个人信息隐私法案的出台影响了欧盟等其他国家和地区。包括欧盟在内的其他国家和地区也开始重视个人信息隐私的保护，并根据各国国内的实际情况纷纷制定相关法案，在全球范围内形成了一股针对个人隐私保护的立法趋势。但随之而来的问题是，隐私权利作为法律概念本身的含糊性、不同国家对于隐私权利理解的差异性，都使得各个国家难以在全球范围内实现制度的统一。不同国家间规章制度千差万别，自然形成了对于跨境数据流动的制度屏障。能够适应各国规制需求与数据跨境流动需求的全球治理机制与体系，便成为数据跨境流动全球治理的主要议题。

主权国家间通过签署双边/多边合作协议框架以达成跨境数据流动的共识，成为解决制度差异的主要方式。较早形成国际协议的是1970年美国和瑞士达成的《平等信息务实准则》（Fair Information Practice Principles）和1981年经济合作与发展组织（OECD）形成的《隐私权和个人数据跨境流动保护的指导原则》（Guidelines on the Protection of Privacy and Trans-Border Flows of Personal Data），这二者也被视为达成相关共识的典范。此外，欧盟1995年制定的《数据保护指令》则成为第一部要求各成员国必须施行的约束性法律文件。其中提出了"充分原则"，即欧盟将对数据流入国的法律体系进行评估，如果认为后者能够达到欧盟所认可的"充分保护"标准，则允许其数据跨境流动。在这样的情况下，即使国家间未能形成协议，但如果数据流出国承认并接受数据流入国国内制度在数据保护方面的效力，数据跨境流动的障碍仍然能够得以消除。在欧盟制度的影响下，包括加拿大、澳大利亚、日本、阿根廷在内的40多个国家都纷纷改革了国内的法律体系，建立了与欧盟类似的监管体制。

但是，制度改革的成本巨大，许多国家并不能照搬欧盟模式来改革国内法律制度。这点以美国表现最为突出。与欧盟相比，美国在立法原则、监管范围和执法权力等诸多方面与欧盟存在本质差别。在难以统一规章制度，也不可能相互承认对方制度能够为数据隐私提供"充分保护"的情况下，跨境数据流动便难以继续通过主权国家的内部改革或者国家间双边/多边协议的方式来实现。因此，以欧美《安全港协议》（Safe Harbor）为代表的公私合作体系的建立标志着跨境数据流动全球治理进入第二个阶段。

（二）2000—2012 年：公私合作治理创新

当不同国家的制度差异难以调和时，聚焦数据跨境流动过程中相关主体的风险责任，并以合同的形式确立相应责任分配原则，则成为另一种可能的治理机制。这在欧盟与美国达成的《安全港协议》中得到了最佳体现。

鉴于第一个阶段中，欧美在个人隐私保护方面难以达成制度共识，欧盟与美国意识到必须在跨境数据流动领域找到除"统一""互相承认"之外的其他路径，于是便产生了《安全港协议》，跨境数据流动全球治理开始进入第二个阶段。《安全港协议》于 2000 年 7 月签署，当年 11 月正式生效。《安全港协议》并不强迫美国改变国内法律监管环境，但同时欧盟也很明确地拒绝承认美国监管措施等效于欧盟标准。该协议是欧美数据保护制度折中的产物，直接要求参与跨境数据交换的美国公司遵守欧盟规则，而不要求对美国的国家法律体系进行改革。为保证《安全港协议》的落实，美国企业或者选择接受欧盟独立机构的监管，或者由美国联邦贸易委员作为最后一道"防火墙"对企业进行监督。在实际操作中，美国商务部给出了承诺遵守《安全港协议》的公司清单。

《安全港协议》的创新之处就在于，它跳出了常规的两种解决国际规制冲突的方式：要么统一，要么互相承认。欧盟的审查对象从主权国家主体变为与其进行贸易往来的企业主体。但不同于自由的私人协议或者基于此而形成的非正式组织，该协议仍然受到国家权力机构的承诺保证及制裁威胁——或者来自美国联邦贸易委员会，或者来自欧盟国家数据隐私监管机构。由此，公私合作治理的创新体系取代了建立在主权国家谈判并达成合作共识基础上的传统体系。企业作为跨境数据流动的数据处理主体，必须承诺遵守数据流出国的规制要求，而数据流入国无须对国内制度作出改变。

但同样不可忽视的是，《安全港协议》并不是一劳永逸的。传统规制的差异与制度冲突的本质并未发生改变，外界环境的变迁随时可能导致公私合作体系的失败与破裂。跨境数据流动全球治理体系变迁也由此进入第三个阶段，各国开始在数据主权下进行政策调整。

（三）2013年至今：数据主权下的政策调整

主权国家间合作、公私合作两种机制在一定程度上实现了数据跨境流动的全球治理，但其仍然存在潜在缺陷。公私合作体系的创新固然有利于避免制度变迁的成本，但其缺点在于约束力和可执行性不足，而这一缺点也在"棱镜门"事件上得到集中爆发。近年来，以微软起诉美国、谷歌起诉西班牙及欧美《安全港协议》破裂等事件为标志，数据跨境流动出现了越来越多的国际争端。在"数据霸权"的冲击下，国家间共识可能撕裂，因缺少有效的管理与追责机制会导致合同协议失效，这也正是近年来数据跨境流动争端频发的原因所在。

2013年，"棱镜门"事件曝光，揭露了互联网企业向美国政府提交用户数据的行为，暴露了美国互联网企业并未按照《安全港协议》或者其他国际协议的要求，很好地保障从他国流入美国的个人数据的隐私保护。欧盟成员国数据保护监管机构纷纷质疑《安全港协议》。2014年1月，欧盟和美国开始启动谈判，磋商新的数据跨境协议，以取代当时还有效的《安全港协议》。不料，新协议尚未达成，2015年10月，存在了十五年之久的欧盟和美国的《安全港协议》被欧洲法院宣判无效，数千家美国企业跨大西洋转移欧盟公民个人数据失去庇护。欧盟高等法院明确指出，美国在执行该协议时，将其国家安全、公共利益和执法需要置于更高位置，在公民隐私数据泄露时漠视监管要求。

《安全港协议》被欧洲法院否定之后，欧盟和美国谈判加速。2016年2月，双方已经达成一个新协议——《隐私盾协议》（*EU-SU Privacy Shield*）。相较于《安全港协议》，《隐私盾协议》的进步之处主要体现在：一是美国企业负担更多义务；二是赋予欧盟公民更强的数据权利和多种救济可能性；三是对美国政府进行网络监控、获取个人信息的明确限制；四是欧洲委员会会同美国商务部每年对《隐私盾协议》相关情况进行一次审查，并公开其审查报告。尽管欧美双方达成了《隐私盾协议》，但欧盟数据保护委员会（EDPB）对该协议执行和监管的评估结果并不满意，认为美国方面缺乏实质性监督。2020年7月，欧洲法院判决《隐私盾协议》的适用性无效，这意味着Facebook、谷歌等诸多美国企业将被迫停止与欧盟开展跨大西洋数据流动。EDPB认为，自Facebook泄露用户信息事件发生后，美国并未对国内数据隐私保护作出根本性调整。就目前情况而言，欧美双方实现进一步协调的可能性微乎其微。

"棱镜门"事件暴露出美国政府大规模数据监控的丑闻，也同时引发了世界各国舆论的强烈反弹。在此背景下，世界各国纷纷举起"数据主权"的大旗，要求变革互联网全球治理体系，跨境数据流动的全球治理变革也成为题中之义。尽管在其他国家的压力之下，美国对其国内政策作出了一定的妥协，但其并没有从根本上改变既有的数据规制政策。换言之，各国针对跨境数据流动公共安全议题的担忧并未结束，如何探索"可信任的跨境数据流动"仍然是摆在各国面前的难题与挑战。面对诸多挑战，各国政府及相关主体仍然在围绕相关机制的完善进行不懈努力。

二、跨境数据流动全球治理的主要模式

目前，跨境数据流动正在受到国际规制的监管，各主权国家通过双边合作和区域贸易协定等多种方式积极参与到全球治理中来，采用灵活多样的形式进行监管，不同程度地对跨境数据加以限制。世界贸易组织、亚太经合组织等国际机构也纷纷发力，通过多边合作框架促进国际贸易合作中的跨境数据流动顺利进行。各国从不同价值理念出发形成了不同的数据流动规制政策，对"数据自由流动"在政策层面作出了不同程度的限制。在此背景下，随着"数据主权"的扩张，各国法律适用连接点增多，跨境数据流动的管辖权、执法权冲突也逐渐加剧。如何平衡各国的数据发展战略和国家利益已成为跨境数据流动全球治理进程中所面临的巨大挑战，也是未来亟待解决的重点问题。

（一）跨境数据流动全球治理的主要手段

各国积极采取举措缓解主权国家对于个人隐私及公共安全的担忧，来实现数据跨境流动的全球治理，从而促进经贸交流。依据当前已有的跨境数据流动全球治理经验，根据数据属性、利益影响的不同，各个国家对重要数据、政府公共部门一般数据和普通个人数据的跨境流动实施不同的管理方式。

1. 重要数据出境管理

越来越多的国家开始认识到重要数据本地化存储的重要性，纷纷通过立法、

机构审查等方式禁止重要数据跨境流动。然而，各个国家对于重要数据的范围界定并不相同。例如，美国并没有相关法律禁止数据跨境流动，但其外资安全审查机制通常会要求国外网络运营商与电信小组签署安全协定，要求国外网络运营商在境内的通信基础设施应位于美国境内，将通信数据、交易数据、用户信息等仅存储在美国境内。印度的电信许可协议中要求，各类电信企业（包括互联网服务提供商）不允许将用户账户信息、用户个人信息转移至境外，否则可能面临吊销许可证的后果。意大利、匈牙利等国在当地的法律法规中，禁止将政府数据存储于国外的基础设施服务提供商。印度尼西亚在立法中要求提供公共服务的电子系统运营商必须在印度尼西亚国内建立数据中心，交易数据必须存储在境内。澳大利亚《政府信息外包、离岸存储和处理ICT安排政策与风险管理指南》规定，属于安全分类的数据不能储存在任何离岸公共云数据库中，应存储在拥有较高级别安全协议的私有云或社区云的数据库中。韩国《信息通信网络的促进利用与信息保护法》规定，政府可要求信息通信服务的提供商或用户采取必要手段防止任何有关工业、经济、科学、技术等的重要数据通过通信网络向国外流动。

从治理政策来源来看，各国针对重要数据出境的规制要求大多分散于国家贸易出口和行业管理等文件中。欧盟、美国、澳大利亚、韩国等均无专门针对重要数据出境管理的文件，治理规则分散于国家产品、技术出口管理条例及国家行业立法中。例如，美国《出口管理条例》将重要数据管理与尖端产品、关键技术出口管理相结合，提出相应管理要求，采取禁止或限制出境分级管理、"一事一议"行政审查相结合的管理方式。

2. 普通个人数据出境管理

一般而言，国际上普遍倡导普通个人数据的跨境自由流动，但需要满足各主体的管理要求。多数国家为了确保个人数据安全，通过问责制、合同干预制、评估认证制等不同模式来进行管理。个人数据跨境流动作为个人信息保护的重要内容，部分国家会对此单独作出规定。例如，欧盟、新加坡、澳大利亚、俄罗斯等国家或地区，亚太经合组织等国际机构均在相关的数据保护法律法规中对个人信息跨境流动作出明确规定，与个人信息境内流动进行区分管理。部分国家会使用个人数据向第三方转移的通用规则来规制跨境数据流动。例如，美国、日本、加拿大等国的立法中没有出境管理专用规则，采用个人数据向第三方转移的通用规则来管理。个人数据跨境流动，大体上分为三类管理模式。

（1）评估认证制。欧盟、新加坡、俄罗斯及亚太经合组织（APEC）等，以政府相关部门或经政府部门认定的第三方机构为认证主体，采取实质审查与形式审查相结合的方式进行评估认证，通过认证的企业可在规则框架及认证有效期内进行个人信息出境，如 APEC 数据隐私小组的 CBPR 体系中要求，企业自愿申请，由 APEC 认证数据保护机构认证，认证通过后（需进行年度评估），可在 CBPR 规定范围内进行个人信息数据出境转移等。

（2）问责制。问责制的管理模式，即对数据控制者（收集数据并决定数据处理目的和方式的主体）的数据安全管理责任作出规定，要求其承担在数据跨境的整个过程中的安全管理责任，包括对数据主体的通知、对外包商的资质审查和监督。例如，加拿大《个人信息保护和电子文件法》规定，传输个人信息时，拥有或保管个人信息的机构应当对个人信息负责，包括已经转移到第三方机构的情形。目前，问责制根据问责范围主要分为两种情形：一是基于主权国家间的共识原则，以建立在地域边界基础上的主权国家作为问责主体；二是基于数据流动相关主体间的合作原则，以与跨境数据流通相关的组织、企业作为问责主体。

（3）合同干预制。数据处理合同干预的管理模式，即由政府对跨境数据处理合同条款中应当包含的安全管理内容进行规定。欧盟、澳大利亚等政府部门制定并推行数据出境合同范本，在合同中明确相关主体义务，约束数据接收方行为。例如，在欧盟，由数据保护主管部门制定标准格式合同制度，在条款中依据数据保护法的原则纳入数据保护的要求，企业之间签订的跨境数据流动处理合同如果包含了格式合同的条款，则不需要经数据保护主管部门的同意即可实现跨境数据流动。欧盟委员会以《数据保护指令》为法律依据，起草制定三款标准合同条款（SCC）。企业之间签订数据出境流动合同如包含标准合同条款，则可进行个人数据出境转移。澳大利亚的《隐私保护原则》中对数据出口者和海外数据接收者之间签订合同中应当包含的内容进行了原则性规定。

3. 政府和公共部门的一般数据出境管理

目前，部分国家针对政府和公共部门的一般数据实施有条件的限制跨境流动,如进行安全风险评估。澳大利亚发布的《政府信息外包、离岸存储和处理ICT安排政策与风险管理指南》将政府信息分级,其中对于非保密的信息,要求政府机构进行安全风险评估之后才能实施外包。加拿大财政委员会要求每个政府机构对数据处理合同进行评估以识别任何与美国《爱国者法案》(PATRIOT Act)相关的潜在风险,评估风险层级,并且采取修正措施来解决安全风险问题。此外,部分国家针对相关行业技术数据实施有条件的限制流动。例如,美国依据其《出口管理条例》(Export Administration Regulations)和《国际武器贸易条例》(International Traffic in Arms Regulations),分别对非军用和军用的相关技术数据进行出口许可管理。提供数据处理服务的相关主体或者掌握数据所有权的相关主体在数据出口时,必须获得法律规定的出口许可证。

值得注意的是,实际上政府数据中涉及国家秘密乃至安全的部分,在属性上已经提出了更高保密性要求,理应禁止跨境流动。而其中不涉及国家秘密的部分,如具备公开属性,则应纳入政府数据开放调整范围,也不牵涉跨境数据管理问题。总而言之,政府数据无论是否具有保密属性,都具有在本地存储的天然特点,绝大部分并不具备跨境流动的商业化需求。

(二)跨境数据流动全球治理的趋势特点

当前,在各主权国家及国际规制治理的过程中,跨境数据流动治理呈现以下特点及趋势。

1. 跨境数据流动全球治理普遍呈现"多极化"特征

各个国家对个人数据的重视和保护是跨境数据流动的前提,颁布并实施个人数据保护法也促进了数字经济的发展。除美国、欧盟、日本外,澳大利亚、新加坡等国家也先后出台了《隐私法》(The Privacy Act)和《个人数据保护法》(Personal Data Protection Act)等法律。同时,印度、俄罗斯等国家也正逐步完善各自跨境数据流动方面的法律法规,并积极与其他国家开展跨境数据流动治理协调。例如,印度出台《印度电子商务:国家政策框架草案》(Electronic Commerce in India: Draft National Policy Framework),要求以数据本地化政策为前提,促进本国数字经济发展。同时,印度积极与欧盟就跨境数据流动合作展开谈判。俄罗斯则于 2019 年出台《主权互联网法》(*Sovereignty Internet Law*),在数据回流至本国进行处理的原则下,允许数据自由流向《第 108 号公约》的 53 个缔约国和 23 个被俄罗斯联邦委员会列入"白名单"的国家。阿联酋迪拜 2020 年 6 月颁布《迪拜国际金融中心数据保护法》(*Mohammed Bin Rashid Enacts new DIFC Data Protection Law*),旨在与欧盟等开展跨境数据流动方面的合作。迪拜国际金融中心还发布了新的《数据保护条例》,其中一个重要特点是规定了对数据控制者和处理者的问责制和向数据保护专员的通知程序。阿根廷出台《个人数据保护法》(*Ley de Protección de Datos Personales*),成为拉美地区首个获得 GDPR"充分性"评估认可的国家。南非也针对数据保护制定了《个人信息保护法》(*Protection of Personal Information Act*)。此外,博茨瓦纳、肯尼亚、尼日利亚、多哥等非洲国家也相继出台并实施个人数据保护法。截至 2019 年年底,全球共有 142 个国家对数据隐私保护进行立法。由此可见,跨境数据流动的全球治理正在显现规制"多极化"的发展趋势。

2. 跨境数据流动不平衡、不充分,治理"有限性"突出

除全球治理规制呈现"多极化"特征外,不同国家在跨境数据流动治理上普遍显现"有限性"。中国新供给经济学 50 人论坛副秘书长、中国国际经济交流中心美欧所首席研究员张茉楠认为,一些国家出于数据隐私保护、国家主权的完整性,以及国家安全利益等公共政策目标,不同程度地对跨境数据流动加以政策或法律法规的限制。

各国对跨境数据流动的安全顾虑日益加深,限制性政策不断增多。2019 年,全球限制性政策数量超过 200 条,全球范围内数据保护主义态势日益显著。与货物跨境流动相比,数据跨境流动的全球性、流动性远远不足。2019 年,跨洲数据流动量仅占全部数据流动量的 34.1%,而跨洲货物流动量占全球货物流动量的 44.3%。跨境数据难以充分自由流动,也直接导致其作为生产基础资源和创新驱动力的作用被削弱。

OECD 从 2014 年开始公布数字服务贸易限制性指数(Digital Services Trade Restrictiveness Index),并建立了相应的数据库。该数据库包含 38 个 OECD 国家和中国、巴西、印度、印度尼西亚、俄罗斯、南非等新兴经济体在内的总共 50 个国家。从近年的数据来看,总体而言,中国、阿根廷、印度尼西亚、南非、

巴西、印度、哈萨克斯坦、秘鲁、俄罗斯、沙特阿拉伯等非 OECD 国家数字服务贸易限制指数偏高；而澳大利亚、加拿大、哥斯达黎加、爱沙尼亚、日本、卢森堡、挪威、瑞士、英国、美国等 OECD 国家数字服务贸易限制指数偏低。在 OECD 成员国家中，墨西哥、冰岛、拉脱维亚、哥伦比亚、智利、波兰数字服务贸易限制指数也偏高。2014—2020 年 OECD 公布的数字服务贸易限制性指数一览如表 3-1 所示。

表 3-1　2014—2020 年 OECD 公布的数字服务贸易限制性指数一览

国　　家	2014 年	2015 年	2016 年	2017 年	2018 年	2019 年	2020 年
澳大利亚	0.083	0.083	0.083	0.083	0.083	0.083	0.083
奥地利	0.083	0.083	0.083	0.202	0.202	0.202	0.202
比利时	0.162	0.162	0.162	0.162	0.162	0.162	0.162
加拿大	0.162	0.043	0.043	0.043	0.043	0.043	0.043
智利	0.263	0.263	0.263	0.263	0.263	0.263	0.263
哥伦比亚	0.299	0.299	0.299	0.299	0.299	0.299	0.299
哥斯达黎加	0.043	0.043	0.043	0.043	0.043	0.043	0.043
捷克	0.141	0.141	0.141	0.141	0.141	0.141	0.141
丹麦	0.144	0.104	0.104	0.104	0.104	0.104	0.104
爱沙尼亚	0.083	0.083	0.083	0.083	0.083	0.083	0.083
芬兰	0.101	0.101	0.101	0.101	0.101	0.101	0.101
法国	0.123	0.123	0.123	0.123	0.123	0.123	0.123
德国	0.144	0.144	0.144	0.144	0.144	0.144	0.144
希腊	0.144	0.144	0.144	0.144	0.144	0.144	0.144
匈牙利	0.166	0.166	0.166	0.166	0.166	0.166	0.166
冰岛	0.148	0.148	0.148	0.267	0.267	0.267	0.267
爱尔兰	0.144	0.144	0.144	0.144	0.144	0.144	0.144
以色列	0.18	0.18	0.18	0.18	0.18	0.18	0.18
意大利	0.126	0.126	0.126	0.126	0.126	0.126	0.126
日本	0.064	0.064	0.064	0.104	0.104	0.104	0.104
韩国	0.141	0.123	0.123	0.123	0.123	0.145	0.145
拉脱维亚	0.104	0.104	0.104	0.223	0.223	0.223	0.223
立陶宛	0.104	0.104	0.104	0.104	0.104	0.104	0.104

续表

国家	2014年	2015年	2016年	2017年	2018年	2019年	2020年
卢森堡	0.083	0.083	0.083	0.083	0.083	0.083	0.083
墨西哥	0.3	0.101	0.101	0.101	0.101	0.101	0.101
荷兰	0.104	0.104	0.104	0.104	0.104	0.104	0.104
新西兰	0.18	0.18	0.18	0.18	0.18	0.18	0.18
挪威	0.083	0.083	0.083	0.083	0.061	0.061	0.061
波兰	0.184	0.144	0.263	0.263	0.263	0.263	0.263
葡萄牙	0.184	0.145	0.145	0.145	0.145	0.145	0.145
斯洛伐克	0.101	0.101	0.101	0.101	0.101	0.101	0.141
斯洛文尼亚	0.104	0.104	0.083	0.083	0.242	0.242	0.242
西班牙	0.123	0.123	0.123	0.123	0.123	0.123	0.123
瑞典	0.144	0.144	0.144	0.144	0.144	0.144	0.144
瑞士	0.083	0.083	0.083	0.083	0.083	0.083	0.083
土耳其	0.083	0.163	0.202	0.202	0.202	0.264	0.264
英国	0.083	0.083	0.083	0.083	0.083	0.083	0.083
美国	0.083	0.083	0.083	0.083	0.083	0.083	0.083
阿根廷	0.361	0.34	0.281	0.281	0.321	0.321	0.34
巴西	0.227	0.227	0.267	0.267	0.267	0.267	0.245
中国	0.488	0.488	0.51	0.51	0.51	0.51	0.51
印度	0.239	0.239	0.304	0.304	0.343	0.343	0.343
印度尼西亚	0.307	0.307	0.307	0.307	0.307	0.307	0.227
哈萨克斯坦	0.228	0.228	0.268	0.506	0.567	0.647	0.647
马来西亚	0.126	0.126	0.126	0.126	0.126	0.126	0.126
秘鲁	0.242	0.242	0.242	0.242	0.242	0.242	0.242
俄罗斯	0.241	0.281	0.281	0.3	0.3	0.319	0.341
沙特阿拉伯	0.206	0.206	0.206	0.206	0.386	0.386	0.405
南非	0.342	0.342	0.342	0.342	0.342	0.342	0.342
泰国	0.3	0.3	0.3	0.3	0.3	0.3	0.3

注：数据于2021年3月30日04:46 UTC（GMT）从OECD网站获取。

此外，数据的跨境流动还表现出强烈的不对称性、不平衡性。发达国家成为跨境数据的主要流入国。以美国为例，美国是全球数据流通网络的中心节点，其数据流通范围涵盖全球46个国家和地区，流通量占全球总数据流通量的

7.2%。跨境数据流动的不平衡性导致各国数据治理政策出现割裂。

3. 针对不同群体数据采取多元化管理模式

从目前国际上主要国家跨境数据流动的立法与实践来看，个人数据和重要敏感数据在跨境流动过程中所涉及的利益和风险有所不同。因此，采取的监管方式方法也不尽相同。全球多数监管主体都在尝试分类分级监管个人数据和重要敏感数据，通过"灵活化"监管模式，确立严宽不同的数据跨境流动监管政策，对不同类型的数据采用不同的监管机制。例如，法国规定政府管理、商业开发、税收数据需要本地存储；澳大利亚明确禁止与健康医疗相关的数据出境，还规定属于安全分类的数据不能存储在任何离岸公共云数据库中，应存储在拥有较高级别安全协议的私有云或社区云的数据库中；美国不允许属于安全分类的数据存储于任何链接公共云数据库中，特别是对公民敏感数据，其安全审查标准不低于欧盟；韩国规定，移动通信服务提供商应采取规范措施，禁止涉及经济、工业、科学技术等的重要数据跨境流动。意大利、匈牙利禁止将政府数据存储于国外的 IaaS 服务提供商。

根据全国信息安全标准化技术委员会（以下简称"信安标委"）组织制定的《信息安全技术个人信息安全规范》，其中，第 3.1 条所指的个人数据被明确定义为：以电子或者其他方式记录的能够单独或者与其他信息结合识别特定自然人身份或者反映特定自然人活动情况的各种信息；第 3.2 条规定了个人敏感数据的含义：指一旦泄露、非法提供或滥用可能危害人身和财产安全，极易导致个人名誉、身心健康受到损害或歧视性待遇等的个人信息。此外，信安标委发布的《信息安全技术 数据出境安全评估指南（草案）》中提出了重要数据的概念：指出境后如出现泄露、毁损、篡改或滥用等情形，将损害国家安全、经济发展和社会公共利益的数据，规定了包括数据发送方安全保障能力、接收方所在国家或地区政治法律环境、安全事件等级等方面在内的更加严格的出境评估条件。由此可见，与个人数据和个人敏感数据存在概念交叉不同，重要数据的定义已经上升至国家安全和社会公共利益的高度。

目前，针对个人数据跨境流动的监管以企业自律为基础，以政府监管为保障。其主要监管措施有评估认证制、合同干预制和问责制。而针对重要敏感数据，各国家和地区尚未明确出境重要敏感数据的概念范畴和分类列表，目前普遍采取一般性禁止、分类分级审查出境的监管方式。一是采取禁止出境和限制出境分级监管。结合本国国情和政治文化差异，根据数据属性和风险程度等因素，世界各国普遍对银行、金融、征信等重要行业或领域数据实施禁止出境管理；对健康、税收、地图、政府等相对敏感数据，选择性地实施禁止或限制出境管理。二是采取"一事一议"的行政审查监管。在特定类型的重要数据出境前，数据输出方向相关政府部门提交出境申报材料，政府部门对相应出境活动进行许可审查，通过审查后方可出境。例如，韩国建立地图数据出境申请协商机制，由国土地理信息院、未来创造科学部、外交部等部门联合评估风险，判断是否允许出境。

4. 围绕"数据主权"搭建全球数字治理框架

近年来，随着数据日益成为国家重要战略资源和竞争要素，数字经济也越来越离不开跨境数据流动，全球各国围绕网络空间的战略博弈与数据资源争端日益激烈。整体而言，以美国、欧盟为代表的数据主权战略是"进攻型"，通过"长臂管辖"来不断扩张其跨境数据执法权；而以中国、俄罗斯等为代表的数据主权战略是以"防守型"为主，通过数据本地化解决法律适用和本地执法问题。"长臂管辖"在允许跨越一国传统地域主权限制获取境外数据的同时，也加剧了与他国关于数据管辖权和执法权间的冲突。而围绕"防守型"与"长臂管辖权"的博弈越来越呈现加剧态势。

例如，美国2019年颁布的《澄清境外数据的合法使用法》（又称《云法案》）规定，无论数据存储在美国境内或境外，都赋予美国政府调取存储于他国境内数据的法律权限。不仅如此，该法案还明确规定，如若美国与他国达成"协议"，即可实现彼此数据相互交换，这相当于建立了一个可以绕过数据所在国监管机构，将美国执法效力扩展至数据所在国的"治外法权"。这种"长臂管辖"使美国的"数据主权"扩展至美国企业所在的全球市场。

美欧方面，正计划通过拓宽自身数据流动范围，争夺跨境数据流动规制的主导权。

美国主要通过以下三种途径，开拓边疆打造"美国优先"的跨境数据流动新格局。首先，美国借助CBPR体系主导亚太地区跨境数据流动圈。其次，美国修改 OECD、G20 等国际组织的跨境数据流动规则，使多边规制行动更加偏向促进跨境数据流动，以减少数字壁垒。最后，美国积极开辟新的双边或多边跨境数据流动规制体系。例如，美国与日本于 2019 年 10 月签署了《美日数字贸易协定》，确定双方将在个人信息保护的法律框架下，确保企业通过跨境数据流动促进数字贸易发展，其中包括所有供应商（包括金融服务供应商）均可跨境传输数据、禁止采取数据本地化措施限制数据存储等 11 项内容。2020 年 7 月正式生效的《美墨加协定》（USMCA）禁止美国、墨西哥和加拿大的数据本地化保护主义，实现三方跨境数据流动。欧盟则在 GDPR 的基础上，加大与其他发达经济体开展跨境数据流动合作的力度。目前，欧盟与美国、澳大利亚、加拿大达成了《旅客姓名存储协定》，与日本达成了《欧日经济伙伴关系协定》。《欧日经济伙伴关系协定》规定，欧日双方视对方的数据保护规制同等有效，将打造欧日双边数据自由流动圈。此外，欧盟还积极开拓亚洲数字经济市场，将向东盟输出数字基础设施、数字信息技术。

三、跨境数据流动的国际合作发展

数据跨境流动涵盖数据主权、隐私安全、管辖权等政策议题，跨境数据流动也因此成为全球贸易谈判、国际合作的重要议题。随着网络的迅速发展，跨境数据收集、使用和转移变得日趋频繁且难以规制，各国机构间的合作不可或缺，这对切实加强跨境数据流动保护的国际合作提出了迫切需求。重要的国际组织、机构为数据跨境流动提供了实践空间，也对数据跨境流动体系进行了多次研究探索，制定相关规则规范、推动跨境数据流动全球合作进程。

虽然如此，如何建立具有国际共识、统一的框架方案来规制数据跨境流动和协调数据主权仍然是难点。现阶段，跨境数据流动尚未形成全球性规制体系，各国或地区都在双/多边国际合作机制下实现数据的转移。欧盟、经济合作与发展组织、世界贸易组织、亚太经合组织等已经在数据跨境流动上确立了一些基本框架。部分国际机构的制度和举措如下。

(一)OECD:《隐私保护和个人数据跨境流动指南》和《OECD隐私框架 2013》

由 38 个市场经济国家组成的政府间国际经济组织——经济合作与发展组织（OECD）将个人隐私看作公民的基本权利，倡导构建能够推动跨境数据流动的数据隐私保护框架。

1.《隐私保护和个人数据跨境流动指南》

OECD 于 1980 年确立了全球范围内规定跨境数据流动执行原则的首部立法——《隐私保护和个人数据跨境流动指南》(*Guidelines on the Protection of Privacy and Transborder Flows of Personal Data*，以下简称《隐私指南》)。《隐私指南》指出，成员国应避免以保护个人隐私和自由的名义，限制跨境数据自由流动。同时强调各成员国应当确保个人数据在跨境流动中安全的可持续性。各国也就此有了开展数据互换与执行合作的基本框架。

（1）基本原则。《隐私指南》提出了各成员国国内适用的基本原则：限制收集原则、资料品质原则、目的明确原则、限制利用原则、安全保护原则、公开原则、个人参与原则、责任原则等。同时，《隐私指南》提出了自由流通和法律限制两条国际适用的基本原则。一是成员国应该考虑个人数据的国内处理和再输出对其他成员国的影响；二是成员国应该采取一切合理的、适当的措施保证个人数据跨境流通（包括经过一个成员国的传输）的安全和不被打断；三是任一成员国应该制止对本国和另一个成员国之间的个人数据跨境流通进行限制，除非后者未实质地遵守本指南或者出口这样的数据会规避其本国的隐私权法；四是成员国应避免以保护隐私和个人自由为名，制定可能阻碍个人数据跨境流通，超出必要保护程度的法律、政策和惯例。

（2）国际合作。针对国际合作，OECD 在《隐私指南》中提到，成员国应其他成员国的要求，应该告知关于本国执行本指南的详细情况。成员国应保证个人资料跨国流通、隐私保护和个人自由的程序是简单的，且该程序与遵守本指南的其他成员国的程序是协调一致的。《隐私指南》中针对国际合作提出了四项建议：①制定就数据隐私立法与执法的情况进行信息互换的程序；②简化个人数据跨境转移的程序并注意与其他国家的此类程序相容；③在程序与调查事项上进行互助合作;④共同努力制定国内、国际原则以管理个人数据跨境流动。

2.《OECD 隐私框架 2013》

2013 年,OECD 对《隐私指南》进行了更新,更新后的《隐私指南》第一部分第 1 条第 5 款对个人数据跨境流动的定义为"个人数据跨国界的转移";第四部分第 16、17 条对数据跨境流动作出规定:无论个人数据的位置在哪里,控制者都应当对个人数据负责,即强调数据控制者的"问责制",而且规定了成员国应避免对个人资料的跨境流动施加限制的两种情况。第 18 条进一步规定,成员国应避免以保护隐私和个人自由的名义制定超过保护需要并造成个人数据跨境流动障碍的法律、政策和做法。

与此同时,OECD 十分关注跨境数据流动规制的风险管控和互操作性。《OECD 隐私框架 2013》(*The OECD Privacy Framework 2013*,以下简称《OECD 隐私框架》)是全球范围内首个隐私保护框架,提出了"国家隐私战略"(National Privacy Strategies)、"隐私管理程序"(Privacy Management Programs)和"安全漏洞通知"(Security Breach Notification)三个概念,强调对个人隐私的风险管控及全球层面隐私监管的互操作性。该框架第 6 条指出,各成员国应达到个人隐私保护及个人自由的最低标准,但并没有提出具体的要求。《OECD 隐私框架》是指导性框架,仅为跨境数据流动提供了建设性指导方针,没有提出明确的要求,也不具备法律效力。

目前而言,OECD 虽在《隐私指南》《OECD 隐私框架》前言部分强调尊重个人隐私的重要性,承认数据保护是各国开展跨境数据自由流动的前提,但事实上,OECD 更加偏重跨境数据自由流动。

在推进更广泛的全球数据治理原则和标准方面,OECD 已经成为重要参与者。从 2021 年开始,OECD 启动了一项为期两年的横向数据治理项目,使整个组织能够采取跨领域的做法。OECD 科学技术和创新总监安德鲁·怀科夫(Andrew Wyckoff)介绍称,该项目围绕四个模块进行设计:①数据访问、控制和共享;②跨境数据流;③数据对业务模式、市场动态和市场结构的影响;④数据测量和分类。所有这些领域取得的进展对于在数据治理方面达成国际共识都至关重要。

为了对世界各国数字服务贸易的限制性政策进行评估,并量化其影响,

OECD还开发了数字服务贸易限制指数,对涵盖全球40个主要经济体的数字服务贸易及其跨境数据流动政策进行评估。评估数据显示,中国、印度尼西亚、南非、巴西、印度、俄罗斯等非OECD国家数字服务贸易限制指数偏高,而瑞士、澳大利亚、美国、挪威等OECD国家数字服务贸易限制指数较低。

(二)G20:《数字经济大阪宣言》

G20积极倡导各成员国抓住数字机遇,推动全球经济实现包容性发展,逐渐在构建数据隐私保护框架与数字信任体系上达成了共识。近年来G20峰会关注数字经济发展的情况如图3-1所示。

图3-1 近年来G20峰会关注数字经济发展的情况

2016年G20杭州峰会上,各成员国领导人发起《二十国集团数字经济发展与合作倡议》,为释放更多的数字经济潜力、应对数字鸿沟创造了更多有利条件。在2017年G20汉堡峰会和2018年G20布宜诺斯艾利斯峰会上,各成员国领导人承诺,将致力于建设保护个人隐私的法律框架,并不断重申打造消费者信任的数字技术体系的重要性。然而,直到2019年G20大阪峰会才重点关注跨境数据流动相关议题。

1.《数字经济大阪宣言》

2019年6月,在日本举办的G20大阪峰会上,包括阿根廷、澳大利亚、巴西、加拿大、中国、欧盟、法国、德国、意大利、日本、墨西哥、韩国、俄罗斯、沙特阿拉伯、土耳其、英国、美国、西班牙、智利、荷兰、塞内加尔、新加坡、泰国和越南在内的24个国家/地区签署了《二十国集团领导人大阪峰会宣言》——

《数字经济大阪宣言》(以下简称《大阪宣言》)。根据《大阪宣言》,各方承诺在世界贸易组织就电子商务与贸易有关问题推动制定国际规则,在2020年6月举行的世界贸易组织第十二次部长级会议之前使谈判取得实质性进展。

《大阪宣言》指出,和参与2019年1月25日在达沃斯发布的78国《有关电子商务联合声明》的其他世界贸易组织成员一起,正式启动"大阪轨道"(Osaka Track),以显示各国在促进数字经济,尤其是数据流动和电子商务国际规则制定方面的努力。在数据流动方面,该宣言表示,为了建立信任和促进数据的自由流动,有必要尊重国内和国际的法律框架。通过合作以鼓励不同框架之间的互操作性,并确认数据在发展中的作用。同时,该宣言还关注跨境数据流动规制的风险管控,提出不仅要创新数字化产业和新兴技术,还要创新跨境数据流动的风险监管,弥合数字鸿沟等。

尽管有24个国家/地区签署了《大阪宣言》,但印度、南非、印度尼西亚三个发展中国家并未签字。由于印度等国家数字经济发展滞后,当前数字经济增长主要聚焦在如何改善数字鸿沟、提升国家能力建设的问题上。与美国、欧盟、日本等发达国家和地区主张建立数据自由流动国际规则、促进数字贸易全球发展不同的是,发展中国家不支持对跨境数据流动等国际规则进行授权,以避免挤压国内产业政策空间和提升国家竞争力的能力。

2. 日本将"基于信任的数据自由流动"(DFFT)的概念提上全球议程

日本前首相安倍晋三利用日本在2019年担任G20轮值主席国的机会,将其"基于信任的数据自由流动"(DFFT)的概念提上了全球议程。DFFT旨在让生产与消费环节产生的海量数据可以跨越国界、自由流通。他还建议应当在WTO里建立一个保证DFFT的机制。G20领导人在大阪峰会的公报中赞同了这种并不十分明确的措辞。安倍晋三希望建立"大阪轨道"来推进DFFT相关工作,但并不十分成功。

G20是跨境数据流动的全球治理倡议平台,没有强制执行机制。尽管各成员国展开多次讨论,针对数字经济、跨境数据自由流动提出多种建议,但并未形成较好的多边规制体系来约束各成员国。

（三）WTO：《服务贸易总协定》

WTO 是全球多边贸易机制的典型代表，主要通过减免数字产品关税、推动跨境数据自由流动来促进全球范围内信息技术产品的自由贸易。随着数字经济和新一代信息技术的快速发展，数据跨境流动面临的形势发生了巨大变化，而 WTO 在制定适应全球经济新变化的贸易规则框架方面较为落后，电子商务规则制定进展缓慢。近年来，为解决政策制度性危机，WTO 积极改革，推动国际经贸框架下的跨境数据流动，致力于确保跨境数据的流动体现数字贸易的公平性，构建数字贸易信任体系。

1.《服务贸易总协定》

1995 年生效的 WTO《服务贸易总协定》(General Agreement on Trade in Services，GATS) 强调了市场准入义务和国民待遇义务。GATS 界定了四种国际服务贸易方式，包括跨境交付 (Cross-Border Supply)、境外消费 (Consumption Abroad)、商业存在 (Commercial Presence) 和自然人流动 (Movement of Natural Persons)，而对数据的处理，尤其是基于数据流动的处理，通常发生在与收集数据的国家/地区不同的国家/地区，因此，"跨境交付"的方式多被使用。具体而言，一方面，GATS 承认保护隐私的重要性；另一方面，GATS 保障的核心内容是成员在数据和隐私保护方面享有施加措施，以便达到保护机密性和安全性目的，而并不保证所有成员都在数据和隐私保护方面采用统一和相同标准的具体承诺。其附加协议《关于电信服务的附件》(Annexon Telecommunications) 还规定，即使 WTO 成员没有开放本地的电信市场，也要确保本地的公用电信网络符合非歧视原则。根据 GATS 的规定，WTO 成立了服务贸易理事会，负责协定的执行。

GATS 并不区分服务递送的技术手段，而且 GATS 在高度关注贸易规则的同时，也具有相对灵活性。不过，虽然 GATS 对 WTO 成员有约束力，但因其部分条例相互矛盾，法律效力在一定程度上遭到削弱。例如，GATS 第 2 条规定了成员的最惠待遇，但第七条却允许成员对来自不同国家或地区的服务提供商实行差别对待。此外，大多数 WTO 成员仅根据 GATS 作出承诺，并未付诸实际行动，故执行效果不太令人满意。

2.《信息技术产品协议》

目前,82个WTO成员已签署于1997年4月生效的《信息技术产品协议》(Information Technology Agreement,ITA)。ITA作为《关税与贸易总协定》(GATT)的补充与调整,初衷在于"实现信息技术产品世界贸易的最大自由度""鼓励信息技术行业在全球范围内的持续技术发展""提高信息技术产品在市场上的准入机会"。ITA尝试取消一系列计算机、软件和电子通信产品关税,促进世界范围内信息技术产品的贸易自由化,为跨境数据流动提供了更好的技术保障。

3.《关于电子商务的联合声明》

2019年1月,包括美国、欧盟、日本、新加坡、澳大利亚、中国、巴西、俄罗斯在内的76个WTO成员共同签署《关于电子商务的联合声明》,确认将在WTO现有协定框架的基础上,开展电子商务多边谈判。同年7月,美国、欧盟、加拿大、日本、新加坡、中国、巴西、韩国等国家/地区提出18份概念文件或条文提案。美国、日本等历来主张跨境数据自由流动的国家向WTO多次提交了推动电子商务谈判的提案,提出了禁止限制数据跨境流动的主张;欧盟也首次在"人权优先"的基础上明确提出了跨境数据流动条款;巴西也提出了基于多项安全及公共利益例外的跨境数据流动条款提案。其中,以美国为代表的发达经济体主张跨境数据自由流动,对电子传输永久免征关税,并禁止数据本地化;以中国为代表的发展中成员,主张建立以货物流动为主的跨境电子商务规则;而非洲、加勒比和太平洋岛国等相关成员,由于自身电信与互联网等基础设施较差,反对将数字贸易及跨境电子商务议题纳入多边贸易框架下讨论。基于此,在WTO体系下达成跨境数据流动规则的共识难度较大。截至2020年3月,WTO已有82个成员陆续加入电子商务诸边谈判,收到有关电子商务谈判的提案近50份。WTO各成员对跨境电子商务中数据流动的不同主张如图3-2所示。

2020年,在第12届WTO部长级会议上各成员取得初步共识,WTO成为讨论跨境数据流动全球治理的主要平台和机制,并形成了《全球电子商务治理协议框架》。

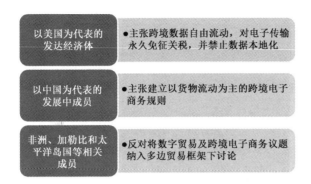

图 3-2 WTO 各成员对跨境电子商务中数据流动的不同主张

（四）APEC：跨境隐私规则体系

APEC 重视构建与数字经济发展相匹配的数据隐私保护框架和数字技术信任体系，消除跨境数据流动壁垒，在电子商务的跨境个人数据隐私保护方面作出了一系列卓有成效的工作。

1. 跨境隐私规则体系（CBPR）

21 世纪初以来，APEC 较早地意识到建立统一的跨境传输规则对推动贸易投资一体化具有重要意义，也认识到确保电子商务发展的关键在于整合并促成有效率的个人信息隐私保护以增进消费者的信赖，各成员于 2005 年签署了《APEC 隐私框架》（ Privacy Framework ）。《APEC 隐私框架》是亚太地区第一个数据跨境流动区域性指导文件，建立了完整的执行机制，进一步明确了保护数据隐私的意义，为亚太地区的个人信息隐私保护提供了指导性原则和标准。

2007 年 9 月，为进一步落实《APEC 隐私框架》，AEPC 第 19 届部长级会议签署了《数据隐私探路者倡议》（ APEC Data Privacy Pathfinder，以下简称《探路者倡议》），首次提出建立 APEC "跨境隐私规则"（ Cross-Border Privacy Rules，CBPR）体系，以落实数据隐私保护，增强消费者的信心和促进跨境数据的交流。2012 年，由美国主导的 CBPR 体系正式运行，使各参与经济体之间在尊重隐私的基础上实现数据跨境流动。该体系的实施是国际数据保护史上的重要里程碑。

1）CBPR 体系内容："问责代理机构"

CBPR 体系包含隐私权执法机构、问责代理机构（ Accountability Agents ）和企业三方，通过设立以"保护个人隐私、获得消费者信任"为宗旨的"问责代理机构"，在确保企业符合 APEC 隐私保护标准的同时，提升消费者对电子信息平台的信任。

2）CBPR 体系运行规则

CBPR 体系的运行规则是，批准加入的成员政府会指定一个或多个法人担任"问责代理机构"，经 CBPR 认可的问责代理机构通过认证成员内其他企业或组织，使这些"认证企业"最终成为 CBPR 的真正参与者。认证企业之间个人信息的跨境传输应不受阻碍，即认证企业无须额外证明跨境信息传输符合他国/地区的个人信息保护法，且后者也不得以保护个人信息为由，阻碍信息的跨境流动。

3）CBPR 体系评估标准

加入 CBPR 体系的评估标准包括国内隐私法、隐私保护执法机构、信任标志（Trust-Mark）提供商、隐私法与《APEC 隐私框架》的一致性等。CBPR 体系要求申请加入的企业所在国至少有一个隐私执法机构加入跨境隐私执法安排（Cross-Border Privacy Enforcement Arrangement，CPEA），监督参与跨境数据流动企业的隐私保护情况，提升各经济体隐私执法机构的互操作性。

4）CBPR 体系参与成员及效果

截至 2021 年 3 月，共有九个成员加入了 CBPR 体系，包括美国、墨西哥、日本、加拿大、新加坡、韩国、澳大利亚，中国台湾地区和菲律宾。目前，已加入的成员中只有总部位于日本、韩国、新加坡和美国的公司通过了 CBPR 认证，所以这四个国家的企业才是目前该体系的直接参与者。《APEC 隐私框架》是自愿性框架协议，只有自愿加入 CBPR 且通过 CPEA 认证，达到 APEC 要求的企业，才能从法律意义上保护消费者隐私。

CBPR 是当前多边监管合作中较为成熟的机制，其有效实行使得 APEC 成为跨境数据流动规则制定的一个标杆，影响后续规则设计和制定。CBPR 既不对各国家/地区政府有约束力，也不对体系外企业有约束力，不具有强制性，而是规范企业个人信息跨境传输活动。虽然 CBPR 具体实施效果还有待观察，但是 Information Integrity Solutions 的研究显示，加入 CBPR 有助于企业向欧盟成员国数据保护监管机构申请"约束力企业规则"（Binding Corporate Rules）等数据跨境认证，同时日本也将企业获得 CBPR 认证视为采用了"适当与合理的方式"处理数据。

2.《跨太平洋伙伴关系协定》

此外，由 APEC 成员中的新西兰、新加坡、智利和文莱四国发起的《跨太平洋伙伴关系协定》（*Trans-Pacific Partnership Agreement*，TPP）也在积极促进跨境数据自由流动。

2011 年，WTO 多哈回合在磋商与服务贸易跨境流动有关的贸易壁垒议题时，美国和欧盟倡议，各成员应当达成共识，不得为互联网服务供应商设置障碍或阻碍在线信息的自由流动。但此次倡议并未得到其他 WTO 成员的积极响应。在 TPP 第七轮谈判时，美国才将强制性的跨境数据流动规制列入草案文本中，但仍旧受到了越南、马来西亚等谈判成员的反对。最终，TPP 各成员通过商讨博弈还是达成了共识。

TPP 成为第一个在"电子商务"一章中纳入具有约束力的条款用来规制数据跨境流动，并限制数据本地化存储的自由贸易协定。TPP 对跨境数据流动的规制主要体现在如下方面。

（1）强制要求各方允许数据跨境流动。TPP 第 14.11.2 条规定，当通过电子方式跨境传输信息是为"涵盖的人"（Covered Person）开展业务时，缔约各方应允许此跨境传输，包括个人信息的传输。并且，TPP 对"涵盖的人"这一术语进行了界定，除不包括所有类型的金融机构或金融服务的跨境供应商外，包括了缔约方的服务供应商、涵盖的投资及缔约方的投资者。

（2）禁止数据本地化。TPP 第 14.13.2 条禁止任何一方将要求"涵盖的人"使用该成员境内的计算设备或将计算设备设置于该成员境内作为允许其在该成员境内从事经营的条件。因此，除非出现 TPP 第 14.13.3 条规定的例外情形，TPP 各缔约方不得要求其他缔约方的服务供应商在当地存储数据。

（3）例外情形。TPP 第 14.11.3 条和第 14.13.3 条分别规定了信息跨境传输和计算设备本地化的法定例外情形。上述两条规定均允许各缔约方为实现公共政策目标而"采取或维持"（Adopt or Maintain）与该协定第 14.11.2 条和第 14.13.2 条不一致的措施，并且 TPP 进一步规定了该措施不得以构成任意或不合理歧视的方式实施，或对国际贸易构成变相限制，以及不得对信息传输（或计算设备的使用和设置）施加超出实现合法公共政策目标所必需的限制。

（五）ASEAN：《区域全面经济伙伴关系协定》和《东盟数据管理框架》

东盟（ASEAN）范围内的网络信息安全和个人信息保护水平参差不齐，在网络安全和数据保护进程中，东盟需要统一网络安全和数据流动标准，以增强整体实力获得全球竞争优势。

1.《区域全面经济伙伴关系协定》

2020年11月15日，在东盟第四次区域全面经济伙伴关系协定领导人会议结束后，东盟10国和中国、日本、韩国、澳大利亚、新西兰共15个亚太国家正式签署于2012年发起的《区域全面经济伙伴关系协定》（Regional Comprehensive Economic Partnership，RCEP）。这标志着当前世界上人口最多、经贸规模最大、最具发展潜力的自由贸易区正式启航。RCEP在第12章"电子商务"中，规定了跨境传输数据的规则，并限制成员国/地区政府对数字贸易施加各种限制，包括数据本地化（存储）要求等。RCEP还对贸易相关文件材料数字化、使用电子签名、电子认证、垃圾邮件等领域进行了规范，以确保在促进跨境贸易的同时，保护区域内消费者的个人信息安全。

①在线上个人信息保护方面，对各缔约方的个人信息数据保护法律框架提出要求，各缔约方应公布其向电子商务用户提供个人信息保护的相关信息，鼓励法人通过互联网等方式公布其与个人信息保护相关的政策和程序，并在可能的范围内合作，以保护从其他缔约方转移来的个人信息。②在网络安全方面，要求各缔约方一方面认识到负责计算机安全事件应对的各自主管部门的能力建设的重要性；另一方面认识到利用现有合作机制，在与网络安全相关的事项开展合作的重要性。③在通过电子方式跨境传输信息方面，一方面要求缔约方认识到各缔约方对于通过电子方式传输信息可能有各自的监管要求，不得阻止出于商业原因通过电子方式跨境传输信息的行为；另一方面也留下了出于公共利益考量的例外情形。此外，在《金融服务》等章节中，RCEP也体现了对数据跨境传输问题的关注。

2.《东盟数据管理框架》

2016 年，基于《东盟经济共同体蓝图 2025》和《东盟信息通信技术总体规划 2020》的建议，以及在大量吸收《APEC 隐私框架》及其他国际公认的个人数据保护标准或框架的基础上，东盟通过了《东盟个人数据保护框架》(*ASEAN Framework on Personal Data Protection*)，以指导成员国和区域层面的数据保护实践。

2018 年，东盟发布了《东盟数字数据治理框架》(*ASEAN Framework on Digital Data Governance*)，规定了战略重点、原则和倡议，以指导东盟成员国在数字经济中对数字数据治理（包括个人和非个人数据）的政策和监管方法。该框架确定了四大战略重点：①数据生命周期系统；②跨境数据流动；③数字化和新兴技术；④法律、法规和政策。该框架还提出了四大重要倡议，包括：①《东盟数据分类框架》（已调整为下文 2021 年新发布的《东盟数据管理框架》）；②东盟数据跨境流动机制（ASEAN Cross-Border Data Flows Mechanism）；③东盟数字创新论坛（ASEAN Digital Innovation Forum）；④东盟数据保护和隐私论坛（ASEAN Data Protection and Privacy Forum）。同年，东盟还批准了《东盟数字一体化框架》(*ASEAN Digital Integration Framework*)，成为东盟数字经济领域的综合指导性文件。

2019 年，为全面落实《东盟数字一体化框架》，东盟又制定了《<东盟数字一体化框架>行动计划 2019—2025》。该行动计划中提到"实现无缝的数字支付"，对东盟内跨境零售支付进行规划。同年 11 月，东盟通过《东盟跨境数据流动机制的关键方法》，建议东盟重点发展其中两个机制，即"东盟示范合同条款"和"东盟跨境数据流动认证"。

2021 年 1 月 22 日，第一届东盟数字部长会议批准发布《东盟数据管理框架》(*ASEAN Data Management Framework*，ASEAN DMF) 及《东盟跨境数据流动示范合同条款》(*ASEAN Model Contractual Clauses for Cross-Border Data Flows*，ASEAN MCCs)。两份文件是落实区域数字经济和数字贸易发展中东盟内个人数据流动规则的具体举措，以期促进东盟地区数据相关的商业业务运营，减少谈判和合规成本，同时确保跨境数据传输过程中的个人数据保护。

ASEAN DMF 为东盟范围内的企业提供了指南，说明了建立数据管理系统的每个步骤,包括建议的数据治理架构、防护措施及适当的风险管理规约。整个过程可以分为六个重点环节:治理和监督、政策和程序文件、数据库存、影响/风险评估、控制,以及监控/持续改进。

(1)治理和监督。为整个组织的员工提供实施和执行 ASEAN DMF 的指导,并监督该职能,以确认其按设计运作。

(2)政策和程序文件。在整个数据生命周期中,根据 ASEAN DMF 制定数据管理政策和程序,以确保组织内有明确的授权。

(3)数据清单。对使用、收集的数据进行识别和归类,以便了解数据的分类和收集目的。

(4)影响/风险评估。如果保密性、完整性或可用性参数受到损害,评估使用不同影响类型的影响。

(5)控制。根据分配的类别和数据生命周期,设计并实施系统内的保护控制。

(6)监控/持续改进。监测、测量、分析和评估已实施的 ASEAN DMF 要素,使其保持最新和优化。

ASEAN MCCs 旨在提供合同条款和细则的模板,企业可以采纳或修改这些条文,就跨境传输个人数据拟订自己的法律协议。东盟下一步还将制定有关东盟跨境数据流动认证的细节。

本章参考文献

[1] 曹建峰,柳雁军,田小军. 美欧个人数据跨境流动 20 年政策变迁:从"安全港"到"隐私护盾"[N]. 人民邮电报,2016-03-30(6).

[2] 刘宏松,程海烨. 跨境数据流动的全球治理:进展、趋势与中国路径[J]. 国际展望杂志,2020(6):65-88.

[3] 全国信息安全标准化技术委员会. 信息安全技术个人信息安全规范:GB/T 35273—2017[S]. 北京:中国标准出版社,2017.

[4] 全国信息安全标准化技术委员会. 信息安全技术数据出境安全评估指南(草案)[S]. 北京:全国信息安全标准化技术委员会,2017.

[5] 汤莉. 加快构建跨境数据流动治理体系[N]. 国际商报，2020-08-03（4）.

[6] 刘小燕，贾淼. OECD《关于隐私保护与个人资料跨国流通的指针的建议》[J]. 广西政法管理干部学院学报，2015（20）：51-52.

[7] 黄鹂. 澳大利亚个人数据跨境流动监管经验及启示[J]. 征信，2019（11）：72-76.

[8] 黄宁，李杨."三难选择"下跨境数据流动规制的演进与成因[J]. 清华大学学报（哲学社会科学版），2017（5）：172-182，199.

[9] 时业伟. 跨境数据流动中的国际贸易规则：规制、兼容与发展[J]. 比较法研究，2020（4）：173-184.

[10] 张玉环. WTO争端解决机制危机：美国立场与改革前景[J]. 中国国际战略评论，2019（2）：105-119.

[11] 田丰，李计广，桑百川. WTO改革相关议题：各方立场及中国的谈判策略[J]. 财经智库，2020（4）：84-103，142-143.

[12] 弓永钦，王健. APEC跨境隐私规则体系与我国的对策[J]. 国际贸易，2014（3）：30-35.

[13] 陈咏梅，张姣. 跨境数据流动国际规制新发展：困境与前路[J]. 上海对外经贸大学学报，2017，24（6）：37-52.

第四章

主要国家跨境数据流动规制概况

近年来,各个国家和地区纷纷加强数据治理前瞻性布局,频繁出台跨境数据流动相关法规,不断强化数据资源掌控能力,激发数据价值。纵观全球跨境数据流动规制情况,各个国家和地区一直都在基于自身条件寻求安全和自由之间的平衡。然而,由于各个国家和地区经济实力、核心价值、主权限制、产业结构等方面差别巨大,其跨境数据流动规制的核心诉求也迥然不同,从而形成了各不相同的规制模式和实施手段。总体来看,全球目前已形成了四大跨境数据流动规制思路和三大跨境数据流动圈。

一、欧盟

欧洲地区是跨境数据流动的先驱。早在 20 世纪 70 年代,欧洲就诞生了历史上最早的跨境数据流动规制。这与欧洲的历史、经济、文化背景都是密不可分的。欧洲地区国家众多,经济发展水平普遍较高,对数据处理和流动传输的需求大,急需流畅的数据传递、转移和流动通道。同时,欧洲以保护个人隐私权利为传统价值,在数据立法中,始终将个人隐私数据保护置于基本人权层面。因此,欧洲需要破除跨境数据流动壁垒,提高区域内跨境数据流动的效率和自由度,同时平衡对个人隐私的保护。因此,跨境数据流动规制最早在欧洲应运而生。欧洲作为跨境数据流动治理的发源地,影响力遍及全球。欧盟更是跨境数据流动治理的先行者,其规制经验对全球范围内的规制框架影响十分深远。

(一)规制思路

欧盟跨境数据流动规制的主要思路如下。

一是以维护个人基本权利为重点。欧洲国家始终将个人隐私视为基本社会价值。欧盟也一直将个人数据权视为个人基本权利。《欧盟基本权利宪章》第八条赋予每个人保护其个人数据的基本权利,强调对个人数据信息的保护并重申对成员国监管机构的监管。同时,《欧洲人权公约》第八条规定了个人享有私人及家庭生活受尊重的基本权利和自由。基于基本法律的定位及历史原因造成公民对个人数据的重视,欧盟倾向于对个人数据采用统一立法模式进行严格保护,将公共机构和私人机构都纳入调整范围,保证法律的权威性,对欧盟各成员国及涉及的各部门进行充分协调,以对个人数据提供更为完善的保护。但就实践来看,过分追求维护基本权利也成为欧盟难以破除的枷锁,对经济效率已经产生了一定程度的制约。

> 《欧盟基本权利宪章》第八条 个人数据保护
> (1)每个人都有权利保护与其相关的个人数据。
> (2)此类个人数据在接受处理时必须是基于特别目的的,且经过个人允许或遵循相关法律要求。每个人都有权利访问那些被收集起来的、与其相关的数据,也有权利修改并撤销它们。
> (3)应有独立的部门和机构来履行以上规则。

二是以制定一体化数据治理制度框架为手段。欧洲一直致力于建立单一数字市场,但是囿于成员国之间冗杂的协商模式一直难以实现。欧洲的跨境数据流动规制也更侧重建构数据权利体系的方式,进而影响其他国家的制度改革。从《108号公约》到《数据保护指令》,再到GDPR,欧盟一直致力于制定并强化一体化的数据治理制度框架,试图在欧盟构建统一标准的跨境数据流动规制模式,提升数字经济效率。同时,相比于美国规制权力分散的情况,欧盟政府与专门的管理机构在整个跨境数据流动过程中起到了更大的作用。

三是以扩大国际话语权为趋势。第二次世界大战后,各国选择通过话语权的争夺而不是武力推行自身意识形态,以自身利益和标准形成国际治理制度,行使对国际事务的支配权。就数字经济领域而言,欧盟在《数字经济战略》中明确指出,欧盟有强烈的兴趣在数据方面领导和支持国际合作,制定全球标准。无论是《数据保护指令》还是 GDPR,都要求欧盟公民的个人数据流出欧盟境外必须获得"充分性"保护。换言之,只有一国的国内数据保护制度得到欧盟认可,欧盟公民的个人数据才被允许流入该国。

(二)主要法规

欧盟跨境数据流动规制主要经过了从 1981 年《108 号公约》到 1995 年《数据保护指令》,再到 2016 年 GDPR 三个发展阶段。从"公约"到"指令",再到"条例",可以看出,欧盟区域内的协同性及规制的执行力都在不断强化,呈现出法律制度从原则到具体、法律效力从弱到强、监管机制从虚到实的态势,基本权利语境下的个人数据隐私保护达到前所未有的高度。

背景知识

欧盟主要通过五种法律行为来实现规制目标,有些具有约束力,有些则没有;一些适用于所有欧盟国家,其他仅适用于少数几个国家。

- 条例(Regulation):具有约束力的立法行为,必须在整个欧盟范围内全部应用。
- 指令(Directive):制定所有欧盟国家必须实现的目标的立法行为,但由各国自行制定法律以实现这些目标。
- 决定(Decision):对其针对的国家或组织具有约束力并直接适用。
- 建议(Recommendation):没有法律约束力,不产生任何法律后果。可以使各机构公开其观点并提出行动方案,而不必对其针对的人施加任何法律义务。
- 意见(Opinion):是一种允许机构以不具约束力的方式发表声明的工具,不对其针对的人施加任何法律义务,也不具有法律约束力。

---

1. 早期的规制

真正的跨境数据流动规制发端于 20 世纪 70 年代的欧洲。全世界范围有迹可循的首部与数据保护相关的法律出现于 1970 年的德国黑森州。之后,欧洲其他国家都开始分别起草并实施数据保护法规,并逐步开始包含跨境数据流动的内容。瑞典 1972 年通过了全世界第一部国家层面的数据立法,并在 1973 年建立了瑞典数据保护局。

20 世纪 70—80 年代,不同欧洲国家在制定跨境数据流动规制时遵循着不同的路径,大体上可以归结为以下三种类型。

授权型规制:代表国家有奥地利、卢森堡、挪威和瑞典。这些国家要求在向境外传输个人信息前必须得到数据保护监管机构的明确授权。

合规型规制:代表国家有爱尔兰,规定只要符合跨境数据流动相关条款即可允许数据出境。

保护型规制:代表国家有芬兰,要求数据传输需要征得本人同意,或者数据接收国有和本国水平相似的数据保护法。

在这些早期的数据保护法案的起草过程中,个人数据的跨境流动更多地被当作法律当中的例外,大部分数据的处理和操作不论是在公共部门还是在私人部门,基本上都还发生在国内框架之中。伴随着跨境数据体量的增长,越来越多的法律和规制也不断出台,尝试明确数据在跨境数据流动过程中的范围与边界。

2.《108 号公约》

1981 年,欧洲委员会出台了全球第一个具有约束力的国际性数据保护条约——欧洲条约第 108 号,即《有关个人数据自动化处理的个人保护公约》(*Treaty No.108, Convention for the Protection of Individuals with Regard to Automatic Processing of Personal Data*,以下简称《108 号公约》),这是欧洲第一个针对跨境数据流动进行规制的区域性法律文件。《108 号公约》于 1981 年 1 月 28 日对成员国及非成员国开放签署,1985 年 10 月 1 日正式生效。截至 2021 年 10 月,《108 号公约》已拥有 55 个缔约国。

1)*基本原则*

《108 号公约》的主要目标是加强数据保护,旨在防止个人数据在被收集和处理的过程中遭到滥用,保护每个缔约国的个体的数据安全。从将数据保护变为个人基本权利这一点上来说,《108 号公约》具有里程碑般的重要意义。该公约提出了一系列针对数据保护的基本原则,并要求每个缔约国在加入公约之前就应该确保这些原则在本国的相关法律和规制中得到体现,这些原则也成为缔约国在建立并修改完善本国规制时的重要参考。根据《108号公约》，个人数据应被公平、合法地获取并处理，且必须基于特定的、合法的目的进行储存，不应在不符合规制的情况下被滥用。

2）有关跨境数据流动的核心内容

《108号公约》的第三章第12条对跨境数据流动做了直接规制。相关规制条款认为，一方不应仅仅因为保护隐私的目的而禁止或采用特定的行政手段限制个人数据跨境流动至另一方的国境之内。《108号公约》也规定了例外情况，即在本国的立法范围内，由于某一类个人数据或文档本身的特性，本国已经有了针对这类数据或者这类自动化个人数据文档设立的特别规定，而且其他缔约国不能够提供同等的保护水平。

《108号公约》制定了一些数据保护的基本原则，其中比较重要的是"合适的安全措施"（Appropriate Security Measures）。《108号公约》对特别的数据类型的处理施以更为严格的限制。根据《108号公约》要求，除非国内法规提供了适当的安全措施，否则与种族、政治观点、宗教信仰和个人健康等相关的个人数据不应该被处理。这为后来各国跨境数据流动规制核心制度之一的数据分类分级管理提供了原则参考。《108号公约》还提出了其他一些数据保护基本原则，如数据主体有权访问、存取、修改或删除自己的个人数据，如果这些相关的个人权利没有得到充足的尊重，那么数据主体应该有权利寻求修改。

3）修订

为应对新的信息通信技术的使用带来的隐私挑战，以及有关个人数据处理和保护的新问题，2018年，欧洲委员会对《108号公约》进行修订。《108号公约修订案》（Treaty No.223，Protocol Amending the Convention for the Protection of Individuals with Regard to Automatic Processing of Personal Data），即《108号公约+》（Convention 108＋）于2018年10月10日开放签署。《108号公约+》提供了一个有力而灵活的多边法律框架来促进数据跨境流动，同时确保个人数据在被处理时得到充分、有效的保护。此外，《108号公约+》强化了公约的执行机制，确保其得到有效实施。根据《108号公约+》有关个人数据跨境流动条款的要求，缔约方不能仅以个人数据保护为由，禁止相关个人数据转移至公约其他缔约方管辖范围内的接收主体。然而，如果个人数据从一个缔约方转移至其他缔约方，或者从其他缔约方转移至非缔约方，确实存在严重风险，可以规避公约要求，限制相关个人数据流动。此外，在受到多国共同遵守的区域性国际组织的保护规则的约束时，也可以对个人数据跨境流动作出限制。当数据接收主体所在国家或国际组织不属于《108号公约+》缔约方时，必须满足公约规定的充分性保护水平才可以允许数据跨境转移。

3.《数据保护指令》

尽管以《108号公约》为代表的欧盟规制将跨境数据流动成功设置为重要的政策议程，但很多成员国迟迟没有签字并履行《108号公约》，已经签字实施的部分成员国也走向了不同方向，甚至有成员国限制数据流动。随着欧洲经济的发展，缺乏连续性的数据流动与处理规制将会阻碍欧洲内部市场的发展。经过艰难的协商，1995年10月24日，欧洲议会和欧盟理事会出台了《关于保护个人数据处理和自由流动的第95/46/EC号指令》(*DIRECTIVE 95/46/EC OF THE EUROPEAN PARLIAMENT AND OF THE COUNCIL of 24 October 1995 on the protection of individuals with regard to the processing of personal data and on the freemovement of such data*，以下简称《数据保护指令》)，其效力终止于2018年5月24日GDPR正式生效前。

《数据保护指令》以《108号公约》所拟定的原则为基础，补充规定了公正合法处理、目的明确和限制、信息准确、储存限制、知情同意、特殊数据的处理、保障安全等原则，以提供高层次的同等保护。《数据保护指令》的范围很广泛，涵盖公共和私人的、自动化及非自动化处理的数据保护。《数据保护指令》的内容对数据保护立法产生了深远的影响。值得一提的是，欧盟依据该指令成立了第二十九条工作组（The Article 29 Data Protection Working Party，WP29），这是一个负责持续跟进研究和报告欧盟个人数据保护发展状况的独立机构，对欧盟之后的数据保护立法改革发挥了至关重要的作用。

1）适用范围

《数据保护指令》生效后，欧盟所有成员国及包括冰岛、列支敦士登、挪威在内的三个欧洲经济区均须承认《数据保护指令》的法律约束力。其中第32条要求所有欧盟成员国在《数据保护指令》通过后三年内将其中的规定转化为国内法。

2) 有关跨境数据流动的核心内容

第一，兼顾双重目标。《数据保护指令》第一章"总则"的第 1 条第 1 款和第 2 款明确了双重目标：第一是成员国应保护与个人数据处理相关的隐私权；第二是成员国不得用保护名义限制或禁止成员国间的个人数据自由流动。这两项目标互相关联协调，都旨在为所有成员国提供平等的高水准保护。

第二，充分性数据保护原则。在向欧盟区域外国家转移数据方面，《数据保护指令》第 25 条沿用"充分性数据保护"这一原则，要求第三国确保有充分的数据保护水平。具体包括：去向第三国、正在接受处理或准备进行传输后处理的跨境数据流动，只能发生在第三国确保有充分的数据保护水平，且遵照本指令的其他条款而制定的国内规定正在施行且未被干预的情况下。"充分性数据保护"的考量要素包括数据的本质、单次或多次数据处理操作的目的及时长、数据起始国和最终到达国、第三国施行的一般法与部门法及行业规则和安全措施等。是否符合充分性要求，由欧盟委员会决定，当欧盟委员会认为第三国没有确保充分性数据保护水平时，成员国应采取必要措施防止任何相同类型的数据传输至该第三国。

第三，例外情形。《数据保护指令》第 26 条第 1 款列举了六种例外情形，规定在这些情形下，即使第三国没有充分的数据保护水平，也可以向第三国传输数据。这六种情形可以被概括为数据主体对数据传输表达了明确同意、为了履行合法的既有合同、为了保护重大公共利益或数据主体的重要利益等。第 2 款明确，任意成员国都应在数据控制方自证了其对个人隐私、基本权利和自由的尊重及明确的安全措施后（以政府间或商业合同条款为主），授权一次或一系列的跨境数据流动，即使作为目的地的第三国没有确保充分的保护水平。

3) 面临的挑战

由于《数据保护指令》本身没有法律效力，因此需要成员国立法转化国内法之后才能够得到实施的可能性。截至 1998 年，大部分成员国均依据《数据保护指令》颁布了国内数据保护法。但各成员国在具体实施和适用《数据保护指令》时有较大的差异。欧盟委员会 2003 年发布的第一份关于《数据保护指令》实施情况的报告显示：首先，在某些情况下，《数据保护指令》国内化的结果难以令人满意，因此有一些成员国的法律仍需要进行修改。如果成员国并未采取相应举措的话，欧盟委员会有权就此事提起诉讼。其次，即使按照《数据保护指令》行事，但是各国在《数据保护指令》允许的范围内选了不一样的做法，再加上各国的法制环境和文化氛围的差异，极易导致分歧的出现。例如，各辖区内的数据保护监管机构会要求企业报告其处理数据的活动情况，各成员国的国内法在这方面的要求有很大差异，导致大量的官僚作风和企业成本，特别是那些还将个人数据传输到欧盟以外国家的企业。这种差异化不仅影响了执法的协调性，也影响了数据保护的效果，不同国家内的欧盟公民受到的保护力度不一样，水平参差不齐；而且，这样的差异还增加了企业合规的成本，即必须遵循20多个不同国家的数据保护法律，这成为欧盟建立数字单一市场的障碍。随着市场及互联网的发展，《数据保护指令》也越来越难适应社交互联网出现后的大量个人数据收集与使用的行为规制，欧盟不得不重新考虑建立更有效力的、与时俱进的法律文本以改善这种情况。

4.《通用数据保护条例》

2016年4月27日，《通用数据保护条例》（General Data Protection Regulation，GDPR）获得通过，2018年5月25日正式生效，全面替代《数据保护指令》。GDPR不需要成员国单独批准，在欧盟层面生效后，即视为在各成员国同时生效。GDPR继承了《数据保护指令》的重要内核，同时扩大了数据保护的范围，旨在建立整个欧盟范围的统一协调机制，以降低数据跨境流动的成本。

1）核心内容

第一，在欧盟范围内施行单套规则（One Set of Rules Across The Continent）。GDPR提供了直接适用于欧盟所有成员国的单套规则，以确保在企业层面法律具有确定性；对公民个人而言，可以确保欧盟范围内具备统一的数据保护水平。不过，这需要欧盟成员国政府作出相应的调整，包括对本国现行法律进行修订。

第二，域外管辖效力。GDPR第3条"地域范围"规定了三种可能的情形。一是适用于设立在欧盟内的控制者或处理者对个人数据的处理，无论其处理行为是否发生在欧盟内。二是适用于对欧盟内的数据主体的个人数据处理，即使控制者和处理者没有设立在欧盟内，但其处理行为只要满足以下两个条件之一即可适用：①发生在向欧盟内的数据主体提供商品或服务的过程中，无论此项商品或服务是否需要数据主体支付对价；②在欧盟境内发生监控数据主体的行为。三是适用于在欧盟境内没有设立机构，但依据国际公法应当适用欧盟成员国法律的数据控制者的个人数据处理。在实践中，这意味着任何向欧盟居民提供商品或服务的企业都将受制于 GDPR，不管该企业是否位于欧盟境内、是否使用该境内设备。这一规定使 GDPR 形成了"长臂管辖"效力，因而成为事实上的世界性法律。

第三，赋予公民新的、更大的权利（Stronger and New Rights for Citizens），包括强化数据主体的访问权、被遗忘权等，同时赋予公民数据可携带权，即将个人数据从一家公司转移至另一家公司。这将给企业带来新的商业机遇。

第四，针对数据泄露提供更强有力的保护（Stronger Protection Against Data Breaches），企业遭遇数据泄露必须在 72 小时内向数据保护机构报告。

第五，"长牙齿"且具有威慑性的惩罚规则（Rules with Teeth and Deterrent Fines）。所有的数据保护机构均有实施惩罚的权力，罚款金额上限达 2000 万欧元，或企业全球年营业额的 4%。

案例：GDPR 生效后开出的首张罚单

2019 年 1 月 21 日，法国数据保护机构国家信息与自由委员会（CNIL）发布公告称，由于美国谷歌公司违反了数据隐私保护相关规定，法国将对其处以 5000 万欧元的罚款。2020 年 12 月 10 日，法国国家信息与自由委员会再次对美国谷歌公司及其下属企业和亚马逊公司分别处以 1 亿欧元和 3500 万欧元的罚款，理由是这两家互联网企业未经同意收集用户上网痕迹。

第六，在数据跨境流动方面，GDPR 对个人数据跨境传输的保障机制主要包括"充分性数据保护"原则、具有约束力的公司规则（Binding Corporate Rules，BCR）和标准合同条款（Standard Contractual Clauses，SCC）三项。GDPR 第 45 条第 3 款授予欧盟委员会确定非欧盟国家是否具备"充分性数据保护水平"的权力，即对个人数据的保护水平等同于欧盟内部的保护水平。获得充分性认定，将使个人数据可以从欧盟（以及挪威、列支敦士登和冰岛）流向第三国，而无须任何进一步的保护措施。具有约束力的公司规则适用于集团内部之间的个人数据传输，须经监管机构批准。签订欧盟委员会制定的个人数据跨境传输标准合同条款是当前企业广为采用的传输保障机制。

第七,在条例的监督和执法方面,GDPR 引入"一站式服务机制"(One-Stop-Shop Mechanism)。"一站式服务机制"旨在确保数据保护机构在跨境数据处理方面有效合作,针对的是在欧盟多个不同国家处理数据的企业,其主要接受企业的欧盟总部所在地的数据保护机构(拥有决定权的领导机构)的监管。但企业总部所在欧盟成员国的数据保护机构不应拥有专属职权,拥有决定权的监管机构应与其他成员国的数据保护机构紧密合作、互相支持。

2)管理机制

依据 GDPR,欧盟涉及跨境数据流动管理的组织架构分为三个层次,如图 4-1 所示。

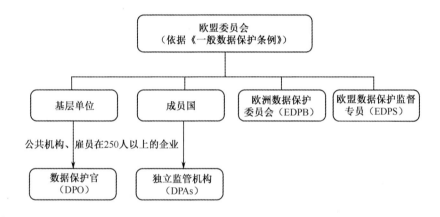

图 4-1 欧盟跨境数据流动管理机构及其职能

基层单位:欧盟要求公共机构和雇员超过 250 人的企业设立一名数据保护官(DPO),数据保护官直接向单位管理者汇报。

成员国:要求各国成立独立监管机构(DPAs),行使数据保护监管权力,对不遵守法律的企业实施严厉惩罚措施,完成年度工作报告,并提交给所在国的议会,以及公众、欧盟委员会和欧洲数据保护委员会。

欧盟:要求设立数据保护监督专员(EDPS),其主要职责是加强对欧盟各机构处理个人数据的指导和监督。成立欧洲数据保护委员会,其成员由各国独立监管机构的负责人和欧盟数据保护监管专员组成。其主要任务是向欧盟委员会提出个人数据保护的建议,促进和检查新的数据保护规则的执行,以及促进与全球范围内数据保护立法和实践的交流。欧洲数据保护委员会秘书处设在欧盟数据保护监管专员办公室。

3）面临的争议

GDPR 生效后，在全球范围内引起强烈关注，同时，也面临各种批评和争议。

第一，实施机制过于烦琐复杂，影响创新热情，增加企业运营成本，降低商业活力。有统计表明，GDPR 在开始推行时，欧盟科技企业筹集到的风险投资大幅减少，每笔交易的平均融资规模比 GDPR 推行前的 12 个月减少了 33%。也有民意调查显示，GDPR 实施后，消费者表示对互联网企业的信任程度降低。这说明 GDPR 对企业信心和客户与企业的互动关系都产生了一定的负面影响。同时，因为担忧法律风险、害怕遭到巨额处罚等原因，不少美国互联网企业选择停止部分欧洲业务，直接关闭在欧洲的网站，或者禁止欧洲用户访问其网站。

第二，严苛规定下，隐私权可能有名无实。GDPR 推行后，所有企业在最初都会想方设法地规避数据保护义务，而不是采取合规行为。GDPR 会使企业行为出现多大程度的改变，不仅取决于立法，也取决于公民维权行为展开的频率与效果，以及法院对各种实践中的具体问题的解释。

第三，影响主义原则面临域外效力挑战。域外适用过程中，一方面，GDPR 数据保护和跨境流动规则在个人数据流动到欧盟外第三国后继续适用，约束数据控制者和数据处理者的数据活动，一定会造成欧盟数据法律与第三国规则的冲突；另一方面，影响主义原则本身具有不确定性，只要某种行为在国家或地区范围内产生实质影响，就可以进行管辖，如果不加限制的话，所涵盖的范围可能非常大，在执行方面也面临实际困难。

5.《非个人数据在欧盟境内自由流动框架条例》

继欧盟 GDPR 生效实施之后，2018 年 10 月 4 日，欧洲议会投票通过《非个人数据在欧盟境内自由流动框架条例》[*Regulation (EU) 2018/1807 — on a framework for the free flow of non-personal data in the European Union*，以下简称《框架条例》]，旨在促进欧盟境内非个人数据自由流动，消除欧盟成员国数据本地化的限制。《框架条例》以数据安全为基本前提，不仅在一定程度上减轻了提供数据存储、处理服务的企业的负担，而且有利于实现单一数字市场，提振欧盟数字经济。

《框架条例》的主要内容如下。

一是明确指出"非个人数据"的内涵，即与已识别或可识别的人无关的任何数据，如匿名数据和设备到设备的数据。

二是确保非个人数据的跨境自由流动。该条例为整个欧盟的数据存储和处理设置了框架，禁止数据本地化限制。在处理公共部门数据的特定情况下，成员国必须向委员会通报已有的或计划中的数据本地化限制措施。该要求对 GDPR 的适用没有影响，因为它不包括个人数据。在混合数据集的情况下，保证个人数据自由流动的 GDPR 规定适用于该数据集中的个人数据，非个人数据自由流动规则适用于其中的非个人数据。

三是确保数据在欧盟境内可因监管目的而被跨境使用。成员国政府机构为了监管需要能够访问在欧盟境内任何地方存储和处理的数据，对于不向成员国相关机构提供相关数据（该数据可能在另一个成员国进行存储或处理）访问权限的用户，该成员国可以对其进行制裁，也可以要求数据所在国的监管机构给予协助调取数据，除非违反数据所在国的公共秩序。

四是鼓励制定云服务行为准则。由于数据在不同服务商之间转移涉及复杂的经济和竞争利益，因此欧盟委员会对此没有采取直接立法作出详细要求，而是鼓励在欧盟层面建立数据服务提供商"自我规制的行为准则"，以便用户变更数据存储和数据处理服务提供商时更加容易，但又不对提供商造成过大的负担或扭曲市场。

（三）欧盟—美国：跨大西洋数据流动规制

欧盟和美国互为最重要的贸易伙伴，数据也日益成为关键话题。对于欧美双方的政策制定者而言，为个人及商业数据的应用与保护设立双方均认可的基本准则显得尤为重要，促进个人数据流动也是跨大西洋关系的必要组成部分。

1.《安全港协议》

为促进跨大西洋数据流动，同时确保高水平的数据保护，2000 年 12 月，欧美《安全港协议》(*Safe Harbour Framework*) 生效，欧盟委员会承认了欧美《安全港协议》的充分性，个人数据可以从欧盟成员国自由地流向签署安全港隐私原则的美国企业。《安全港协议》要求收集个人数据的企业必须通知个人其数据被收集，并告知他们将对数据所进行的处理，企业必须得到允许才能把信息传递给第三方，必须允许个人访问被收集的数据，并保证数据的真实性和安全性，保证遵守协议条款。《安全港协议》确立了折中处理欧美数据流动的框架。服从该协议的成员国可以不经授权而进行数据转移，而未加入该协议的美国企业必须单独从各欧盟国家获取授权。

"棱镜门"事件发生后，盟友间信任程度存疑。欧盟最高司法机构欧洲法院于 2015 年 10 月 6 日作出判决，认定《安全港协议》无效。此后，美国网络科技公司将收集到的欧洲公民数据传输到美国将受到法律限制。欧洲法院在裁定中指出，欧盟的数据保护法规规定，欧盟公民的个人数据不能传输至非欧盟国家，除非该非欧盟国家能为这些数据提供有效保护。鉴于美国未能达到上述要求，欧美之间签订的《安全港协议》无效，Facebook 等美国公司必须立即停止将收集到的欧洲用户数据传输至美国。

2.《隐私盾协议》

《安全港协议》被废止后，欧盟与美国重新就数据跨境流动框架展开谈判与协商，并于 2016 年 2 月达成《隐私盾协议》(*EU-U.S. Privacy Shield Framework*)。根据该协议，用于商业目的的个人数据从欧洲传输到美国后，将享受与在欧盟境内同样的数据保护标准。《隐私盾协议》促进了跨大西洋不受限制的商业数据流动，超过 5300 家公司加入了该协议，支撑了跨大西洋数字贸易的发展。然而，2020 年 7 月 16 日，欧洲法院第二次废止了欧美间个人数据跨境流动协议，认定欧美之间的数据保护协议《隐私盾协议》无效。欧洲法院表示，美国的国内法认为有关美国国家安全利益和执法等方面的要求具有优先性，可能因此访问有关数据，这不满足有关数据在美国受到"与欧盟基本等同"保护的标准。

欧盟和美国之间的跨境数据流量是全球最高的，因此，美国政府、欧盟委员会和大多数成员国都非常希望维护《隐私盾协议》，认为它是一个非常有用的机制。协议生效期间，将近 1600 家公司（占总数的 30%）使用《隐私盾协议》将其人力资源数据转移回美国，视频会议工具如 Zoom、Skype、谷歌 Hangouts 和思科 Webex 通常会将欧盟客户数据传输到美国服务器进行处理和隐私保护分析。《隐私盾协议》对于中小企业和初创企业来说是有利的，因为它们可能缺乏足够的资源来建立标准合同条款或约束性公司规则。数据显示，大约 65%的通过《隐私盾协议》认证的公司是中小企业，41%的认证公司年收入低于 500 万美元。因此，《隐私盾协议》的失效对中小企业的打击非常大。

3. 标准合同条款

《隐私盾协议》失效后，标准合同条款（Standards Contractual Clauses，SCC）成为欧盟与美国数据流动的主要替代法律机制。2021 年 6 月 4 日，欧盟委员会通过了新的两组标准合同条款，其中一项适用于数据控制者与数据处理者之间的数据委托处理活动，是首个欧盟层面的数据处理协议模板；另一项则适用于向第三国传输个人数据的情形。未来几年，针对向美国传输数据的 SCC 的投诉、调查和潜在的暂停很可能会增加。由于美国国家安全、监控立法和活动与欧盟数据保护标准和基本权利之间的冲突很大，通过政治或法律方式来进行解决的余地极小。美国官员和企业普遍认为，欧盟因美国的国家安全和情报收集活动而惩罚美国是不公平的，因为虽然欧盟对各成员国的国家安全没有权限，但在进行数据充分性保护认定评估时，会评估第三国的国家安全立法。

尽管欧盟和美国在跨境数据流动领域冲突不断，但欧盟认为，探索数据跨大西洋流动的方案对促进欧洲数字经济发展至关重要。欧盟委员会主席冯德莱恩将未来的十年称为"数字十年"。冯德莱恩在 2021 年慕尼黑安全会议特别版视频会议上发表讲话称，欧盟将把应对气候变化和数字转型作为推动欧盟—美国新的全球议程的主要议题。冯德莱恩邀请美国加入欧盟数字市场监管的倡议，并与欧盟共同创建全球适用的数字经济规则。

未来，欧盟和美国将达成新的数据跨境流动协定。欧盟委员会司法事务专员迪迪埃·雷恩德斯称，该协定将要求解决一些复杂而敏感的问题，平衡国家安全和隐私保护。这符合欧美双方的利益。

二、美国

作为全球互联网起源的美国，从互联网诞生之初就掌握了互联网的主导权。经过几十年的发展，美国在数据主权的建立和保障实践方面已经形成了较为完备的规模和模式,结合其"互联网掌权者"地位,形成了其独特的跨境数据法律监管模式。

(一) 规制思路

美国是全球数字产业、互联网发展最为发达的国家,其互联网技术产业发展迅速,英特尔、IBM、高通、苹果、Facebook 等互联网巨头在全球数字价值链中占据了主导地位,从而主导了全球数字经济的发展。作为资本主义联邦制国家,受商业利益优先理念的影响,美国采取了以行业自律和市场调节机制为主、分散立法宽松监管的立法模式,这一理念也体现在跨境数据流动监管领域。美国在跨境数据流动管辖方面的监管思路经历了三个阶段:起步探索阶段、积累完善阶段和发展扩展阶段。

1. 起步探索阶段

"9·11"事件之前,美国数据保护以境内的个人数据获取及保护、隐私维护和数据传递自由为主要内容,对于数据主权的法律体系构建处于刚刚起步阶段。美国于1967年颁布的《信息自由法》(*Freedom of Information Act*,FOIA),明确要求保障公民的信息及数据知情权,并规定了依据总统命令确立的国家防卫和外交秘密等九类不能被公开的例外情况,旨在加强对特殊种类数据信息的保护,开启了美国数据主权保护的历程。1974年,美国《隐私权法》(*Privacy Act*)的颁布确认了政府处理个人数据的原则,以维护公众权益和个人隐私之间的平衡,是美国在均衡个人数据维护和公众数据权益领域的初步探索。1978年,因尼克松水门丑闻,美国国会通过了《外国情报监视法案》(*U.S. Foreign Intelligence Surveillance Act*,FISA),以限制总统和政府部门滥用行政权力来获取公民数据,保障公民的数据权利。1980年,美国通过了《公文削减法》(*Paperwork Reduction Act*),规定了联邦政府下属治理核算机构编订发布网络安全规制的权能,明确了信息资源管理的地位。1984年,美国颁布了《计算机欺诈与滥用法案》(*Computer Fraud and Abuse Act*,CFAA),明文规定入侵美国特定部门或者计算机系统以盗用数据为目的的行为都是犯罪,必须追究其法律责任,以此保护国家的数据安全。1986年,美国国会通过了《电子通信隐私法》(*Electronic Communications*

Privacy Act，ECPA），对政府调查电信通信日志和截断电子通信数据信号的要求和层次作出了明确规定，以实现对公众数据的安全防护。1987年，美国国会又通过了《计算机安全法》(*Computer Security Act*，CSA），为美国增强国家计算机系统稳定安全和隐私数据保护力度等层面提供了可以实践的具体方法和参考依据，有利于提升美国的数据安全防护标准。1996年，美国先后通过了《信息技术管理和改革法》(*Information Technology Management Reform Act*，ITMAR）和《信息基础设施保护法》(*National Information Infrastructure Protection Act*），前者授予政府设立政府首席信息官的权力和具体职责，旨在提升数据的管理水平；后者确认了在美国境内传播计算机病毒属于犯罪行为，拒绝服务式的攻击也不例外。1997年，美国先后通过了《电子通信法》(*The Telecommunications Act*）和《计算机安全增强法》(*Computer Security Enhancement Act*），前者对于电子通信的数据保护作了详细阐述，后者对于评测外国的计算机技术、计算机的加密标准与限制尺度及数据安全的会议召开作了明确规定，从电子计算机的规制维度进一步构建了数据主权的维护体系。1998年，美国国会通过了《儿童在线隐私权法》(*Children's Online Privacy Protection Act*，COPPA），加强了对违法收集儿童隐私数据行为的惩罚力度，规定处以罚款和拘留监禁的处罚措施。1999年，美国国会通过了《网络空间电子信息安全法》(*Cyberspace Electronic Security Act*，CESA），详细制定了政府调查的科技支持、数据传输截取和数据信息的访问、存储和使用的具体准则，明确了电子信息数据的维护体系。至此，美国的数据主权体系构建的初步探索阶段基本完成。

2. 积累完善阶段

"9·11"事件之后，美国开始注意到恐怖主义势力带来的威胁，开始注重各层面的主权维护，在数据主权层面，开始积极努力完善数据立法，不断加大数据的保护力度，以求实现美国的数据安全和国家安全。2001年，美国国会通过了《关键基础设施保护法》(*Critical Infrastructures Protection Act*），着重强调数据通信基础设施对于美国政府和企业发展的重要作用，开始认识到关键基础设施是数据主权下不可或缺的物理或虚拟资产，是数据主权的重要基础组成部分。2001年，美国又通过了《2001年通过提供适当工具拦截和阻碍恐怖主义来团结和加强美国法案》(*Uniting and Strengthening America by Providing Appropriate*

Tools Required to Intercept and Obstruct Terrorism Act of 2001，*USA PATRIOT Act*，以下简称《爱国者法案》），以立法的形式增加了抵抗恐怖主义的基金预算，并对联邦数据技术的支持作了明确规定，以更好地维护数据和国家安全。2002 年，美国国会先后通过了《2002 年电子政务法》（*E-Government Act of 2002*）、《网络安全研究与发展法》（*Cyber Security Research and Development Act*）和《联邦信息安全管理法》（*Federal Information Security Management Act*，FISMA），分别对电子政务的机关数据处理、网络数据的安全职责归属和数据信息的安全定义及数据信息的完整保密实用属性作了详细阐述，进一步完善了数据信息的安全维护体系，展现出对外的防卫特性。为了更好地实现数据保护的目标，2002 年，美国国会又通过了《国土安全法》（*Homeland Security Act*）和《网络安全增强法》（*Network Security Enhancement Act*），对新成立的国土安全部的职责内容进行明确，并将机构体系和计算机环境下的数据非法窃取、网络数据的欺诈等非法行为明确列为犯罪行为。2008 年，美国推行了"网络空间安全教育计划"（CNCI），给予国土安全部支持高等科研及教育机构或者网络安全教育专业项目的权力，并设定专项专款以更好地促进互联网防护和数据保护教育。至此，美国基本完成了数据主权保护的积累完善阶段，美国国内的数据主权维护体系雏形基本完成。

3. 发展扩展阶段

在经历初步发展和积累完善阶段之后，美国的数据主权体系构建和保障实践已达到成熟水平，但是鉴于 2008 年金融危机的波及性和各国数据主权呼声高涨的国际环境，美国认识到要想进一步维护自身的主导地位，必须注重数据通信技术的发展，于是开展了以数据技术为重心的数据主权发展扩张阶段。2009 年，美国国会通过了《网络安全法（2009）》（*Cybersecurity Act of 2009*），要求政府成立专业的网络安全维护机构，管理网络基础设施和相关网络事务，对于网络上的数据信息进行更强的监管维护。2010 年，美国通过了《作为国家资产的网络安全保护法》（*Protecting Cyberspace as a National Asset Act*），本次立法主要是基于 2002 年的《国土安全法》（*Homeland Security Act*）和其他综合法一起修订的结果，对于数据安全维护的基础设施维护设定了更为灵活的标准。2011 年，美国通过了《加强网络安全法案》（*Cyber Security Enhancement Act*），制定了网络基础设施和数据通信设备的缺陷报告制度,并要求政府针对缺陷设计合理的完善方案和弥补措施,这标志着美国对于数据基础设施的重视程度达到新高度。2012 年,美国制定了《消费者隐私权利法案》(Consumer Privacy Bill of Rights),确定了个人隐私的数据或电子属性,并将个人数据的盗取等非法行为明确注明为犯罪行为,在注重基础设施的同时也加强了对个人数据的保护。2014 年,美国通过了《联邦信息安全管理法案》(Federal Information Security Management Act,FISMA),要求美国联邦政府对于信息数据系统的缺陷和欠稳定性、脆弱性进行检测,并开展有计划的缺陷评估和完善法案策划,以提升数据信息保护水准。2014 年,美国还通过了《国家网络安全保护法案》(National Cyber Security Protection Act),要求在已有的国土安全部下再建立网络和通信数据监管中心,对数据通信基础设施及数据安全进行严密管理,再次强调了数据基础设施的维护。2015 年,美国通过了《网络安全信息共享法》(Cybersecurity Information Sharing Act,CISA),确立了国家网络安全与通信综合中心(NCCIC)作为联邦和非联邦实体的应急信息共享的中枢地位,承担网络环境下数据安全防护处理预警等层面的 11 项职责。2018 年,美国总统特朗普签署了《澄清境外数据合法使用法案》(The Clarifying Lawful Overseas Use of Data,CLOUD,以下简称《云法案》),确立了"数据控制者标准"和"适格政府",明确了美国政府对外数据的调取处理权力,美国数据主权对外扩展倾向昭然若揭。随着数据环境的变化,美国也会作出适时反应,进一步扩展数据主权体系,以实现自身的政治目标和经济利益追求。

(二)主要法规

美国在跨境数据流动规制法律政策方面采取了较为宽松的分散立法与行业自律相结合的监管模式。自 20 世纪 80 年代起,美国就开始了数据主权安全保障及战略建设,是较早开始建设数据主权战略的国家,至今已形成《电子通信隐私法案》(Electronic Communications Privacy Act,ECPA)、《金融服务现代化法案》(Gramm-Leach-Bliley Act the Regulation,GLB)等多个不同行业不同领域 130 多部相关的法案制度,打造了涵盖互联网宏观层面和微观层面,且两个层面都较为完备的数据主权体系。在该体系中,最为典型的是 2018 年美国议会通过的

《云法案》,回答了"微软 VS FBI"案件中关于美国执法机构是否有权获得美国企业存储在境外服务器中的用户数据的有关争议,对网络服务提供者能否向政府披露位于国家地理位置之外服务器存储的信息也作出明确的规定。该法案实质上创建了一个数据主权划分标准的新框架,以此打破各国数据本地化政策的数据保护屏障,创建一个美国主导的数据主权规则体系。

1.《澄清境外数据合法使用法案》

《云法案》中有关跨境数据流动的条款规定主要如下。

第102条明确了立法的原因及考虑因素。第102条明确指出,《云法案》的立法考虑因素包括:①及时获取通信服务提供商持有的电子数据是政府保护公共安全和打击包括恐怖主义在内的重大犯罪的关键;②因无法获取境外存储的数据,政府打击重大犯罪的努力受到阻碍,而监管、控制或拥有这些数据的通信服务提供者本身受到美国法律的管辖;③为了打击重大犯罪,他国政府也越来越多地要求获取美国通信服务提供者的数据;④当他国政府要求通信服务提供者提供美国法律可能禁止披露的数据时,通信服务提供者面临着潜在的法律义务冲突;⑤按照美国法典第18卷第121章,即《存储通信法》(*Stored Communication Act*,SCA)的规定,美国要求披露他国法律禁止通信服务提供者披露的电子数据时,同样可能会造成类似的相互冲突的法律义务;⑥美国与相关外国政府就法治和保护隐私作出的相同承诺和达成的国际协定中,包含了解决潜在冲突的法律义务机制。

第103条规定了美国调取境外数据的范围及其例外情况。《云法案》采用"数据控制者标准",明确"无论通信、记录或其他信息是否存储在美国境内,服务提供者均应当按照本条所规定的义务要求保存、备份、披露通信内容、记录或其他信息,只要上述通信内容、记录或其他信息为该服务提供者所拥有、监管或控制。"同时,《云法案》也提供"抗辩"渠道,规定服务提供者可在以下情形下提出"撤销或修正法律流程的动议":①对象不是"美国人"且不在美国居住;②提供数据将为服务提供者带来违反"适格外国政府"立法的实质性风险。同时,对于"抗辩"的处理,《云法案》设置了严格的"礼让分析"规则,明确"动议"处理的三种核心情形和七个核心考虑要点。考虑到技术边界的不确定性,《云法案》进一步添加主体锚点(必须为电子通信服务提供商或远程计算服务提供商这两类科技公司）与行为锚点（拥有、保管或控制数据），进一步强化《云法案》的实施稳定性。《云法案》明确地采取了"数据控制者标准"，使得数据主权可以超出传统范畴限定，从物理上的空间边界延伸至技术上的控制边界，即以数据的实际技术控制者为效力对象予以划定主权的效力边界。同时，由于数据的实际技术控制者标准存在不确定性，《云法案》进一步添加主体因素和行为因素作为锚点，增强法案实施的稳定性。

第105条规定了外国政府获取存储于美国境内数据的规则。《云法案》允许"适格外国政府"可以基于与美国的行政协定，直接向美国境内的相关组织获取数据。《云法案》主要通过对"适格外国政府"的资格认定和"发布命令"的严格限制，明确外国政府对存储在美国境内数据的获取规则。在对"适格外国政府"的认定上，基于"外国政府的国内立法，包括对其国内法的执行，是否提供了对隐私和公民权利足够的保护"这一核心准绳，要求外国政府必须符合如下核心因素要求：①在网络犯罪和电子证据方面，拥有充分的实质性、程序性法律，加入了《布达佩斯网络犯罪公约》或其国内法与该公约相关内容吻合；②遵守国际人权义务或展现出对国际人权的尊重；③展现出对全球信息自由流动和维护互联网开放的决心和承诺。同时，对于发布的命令内容，设置了如不得有意地针对"美国人"或位于美国境内的个人、不得在美国政府或其他第三国政府的要求下发出命令等细致且严格的限制，要求"适格外国政府"向美国提供互相访问数据和定期审核的权利，且规定美国可保留停止外国政府获取数据命令的权利。《云法案》在明确美国获取存储于境外数据权利的同时，也充分考虑了国际社会的平衡，设置了"适格外国政府"对美国境内数据的获取规则。但通过对第105条法案内容的解读发现，《云法案》对"适格外国政府"的资格认定和获取行为都有严格的限制，同时强制要求外国政府承认美国数据自由思想和开放数据权利给美国政府，从而实际反向进一步强化了美国的数据霸权优势，拓宽了美国的数据主权在其境外的效力和实施范畴。

2. 其他法案的条款内容

1986年的SCA是对《美国宪法第四修正案》的扩展，规范了两种类型的服务提供商：电子通信服务（ECS）提供商和远程计算服务（RCS）提供商。强制ECS提供商披露超过180天的存储内容或强迫RCS提供商披露内容，政府可以采取三种强制措施：授权令、传票加通知书或第 2703（d）条命令（"超级"搜查令）和通知。在这种要求下，SCA 限制了政府强迫互联网服务提供商（ISP）披露客户信息的能力，以及 ISP 自愿向政府披露信息的能力。《美国宪法第四修正案》保护个人免受"不合理的搜查和没收"。2018 年 8 月签署的《美国出口管制改革法案》（Export Control Reform Act，ECRA）就特别规定，出口管制不仅限于"硬件"出口，还包括"软件"，如科学技术数据传输到美国境外的服务器或数据出境，必须获得商务部产业与安全局（BIS）的出口许可。

（三）国际合作

作为全球经济大国、互联网强国，美国在跨境数据流动方面积极开展国际合作，打造国际利益联盟，推动"美国模式"的普及和发展。除前文提到的美国与欧盟的跨大西洋数据流动协议，以及以美国为主导的跨境隐私规则体系外，美国还积极拓展北美联盟和其他国际合作。

1. 《美墨加协定》

2018 年 11 月，美国、墨西哥、加拿大三国首脑（分别为特朗普、培尼亚·涅托和特鲁多）在参加阿根廷 G20 峰会期间共同签署了《美墨加协定》（The United States-Mexico-Canada Agreement，USMCA）文本，后转交三国国会审议并通过。《美默加协定》作为 1994 年生效的《北美自由贸易协定》（North American Free Trade Agreement，NAFTA）的升级版，于 2020 年 7 月 1 日正式生效。USMCA 每六年须由三国进行一次阶段性审议，以作为继续生效的前提条件。USMCA 包含了相关"数字贸易或电子商务"章节，并加入"数据自由流动""禁止数据本地化"等条款。与 NAFTA 相比，USMCA 进一步提升了国际贸易规则水平，在数字贸易领域，进一步推动跨境数据流动和政府数据开放，降低跨境电子商务非关税壁垒。

2. 其他国际合作协定

2019 年 1 月，包括美国、欧盟、日本、新加坡、澳大利亚、中国、巴西、俄罗斯在内的 76 个 WTO 成员共同签署《关于电子商务的联合声明》（Joint

Statement on Electronic Commerce），确认将在 WTO 现有协定框架的基础上，开展电子商务多边谈判。其中，以美国为代表的发达经济体主张跨境数据自由流动，对电子传输永久免征关税，并禁止数据本地化。此外，美国不断加紧与其领导的多国情报联盟"五眼联盟"（Five Eyes）构筑"数据同盟体系"，该"数据同盟体系"以"国家安全"利益和"共同价值观"为主要考量，聚焦战略对手，谋求网络霸权。2019 年 7 月 30 日，"五眼联盟"发布声明，高科技公司应该在其加密产品级服务中纳入新机制，允许政府有适当合法权限以可读和可用的格式获取数据。呼吁科技企业向政府与情报机构提供加密"后门"，此举被认为是美国政府及其盟友要求全球科技企业为政府预留"后门"的起点。同年 10 月，美英两国首次正式就执法部门电子数据的跨境获取达成协议，对数据治理国际格局产生了重大影响。

三、欧洲其他国家

（一）英国

总的来看，英国对于跨境数据流动的态度和欧盟基本一致，即强调个人权利的保护，提倡在充分保护个人隐私等前提下，保障数据自由流动。

1998 年，英国发布《数据保护法案》（Data Protection Act），规定政府采集与公民自身或企业有关的信息，必须遵守相关法律和程序规定，确保信息收集行为的合法性、收集目的的正当性和收集过程的科学性。除部分涉及国家安全、商业机密或个人隐私的信息受到法律规范不得公开外，其他政府信息应经过系统的处理后，尽量以电子化形式予以公开。

随着大数据、物联网、云计算等新型信息化技术的发展，数据的产生、存储、分析等方面都发生了翻天覆地的变化，数据保护也面临着各种新威胁。2017 年 3 月，英国政府发布《英国数字战略》（UK Digital Strategy），对英国脱欧后数字经济的发展和数字战略的转型进行了规划，因此要对配套的数据保护相关法律法规进行调整。在这一背景下，英国政府对《数据保护法案》进行了更新。

2017 年 8 月，英国政府发布《新数据保护法案》（New Data Protection Law），

以更新和强化数字经济时代的数据保护。《新数据保护法案》主要有三大目标：一是加大个人信息保护力度，进一步明确要求有关机构在使用个人信息时严格保密，同时给予公民更多的个人信息控制权；二是助力数字贸易发展，推动数据在英国与其他国家之间自由跨境流动；三是确保数据安全，采取各类措施应对数据相关犯罪行为，促进各国监管机构之间的数据共享和数据保护合作。

2020年9月，英国政府发布《国家数据战略》（National Data Strategy），明确了英国在数据领域的五大优先行动任务，其中就包括倡导跨境数据流动。《国家数据战略》指出，跨境数据流动是推动全球贸易和经济增长的重要力量，脱离欧盟后，英国将总结国内经验，加大与其他国家的合作力度，确保数据在跨境流动时免受不必要的限制。

尽管英国已经脱离欧盟，但它承诺继续作为《欧洲人权公约》（European Convention on Human Rights）和《108号公约》（Convention 108）的缔约国；此外，2018年5月在欧盟成员国内部正式生效的GDPR也将在英国境内继续实施。因此，英国仍然是欧洲数据保护和"隐私大家庭"的成员之一，在跨境数据流动治理方面，英国仍将在一定时间内延续脱欧前的政策，与欧盟保持一致性。2021年2月19日，欧盟委员会发布有关英国对个人数据进行充分保护的决定草案，使得英国与欧盟在数据保护方面继续保持合作。

（二）俄罗斯

俄罗斯是严格限制数据出境的代表性国家。为维护国家安全、保障数据安全、有效应对可能存在的网络安全威胁，俄罗斯通过立法等方式要求数据存储本地化，对跨境数据流动进行了严格的限制。

2006年，俄罗斯联邦议会通过《信息、信息技术和信息保护法》（Federal Law on Information, Information Technologies and Protection of Information），明确规定信息拥有者、信息系统运营者需要承担的信息保护义务。同年，俄罗斯《联邦个人数据法》（Russian Federal Law on Personal Data）出台，对个人数据跨境流动时的安全保障提出了要求：个人数据跨境流动前，需要确认数据流向国会按照俄罗斯标准对数据进行同等程度的保护；俄罗斯联邦有权终止或限制跨境数据流动，以保障公民权利和国家安全。

2014年，俄罗斯对《联邦个人数据法》进行了修订（"第242-FZ修正案"），要求收集和处理俄罗斯公民个人数据的组织必须使用位于俄罗斯境内的数据中心。该修正案并未明确限制个人数据跨境流动，但明确要求数据在首次存储时必须使用俄罗斯境内的服务器。2015年9月1日，"第242-FZ修正案"正式生效。该修正案的相关规定使得许多跨国企业在俄罗斯建立数据中心，极大地促进了俄罗斯境内数据产业的发展。随后的《反恐法》（Federal Law on Countering Terrorism）修正案进一步明确规定，俄罗斯用户的互联网通信、用户活动等数据需要在俄罗斯境内保存半年，并按要求向俄罗斯有关部门披露。

2017年7月，俄罗斯联邦政府批准《俄罗斯联邦数字经济规划》，提出通过立法手段提升网络关键基础设施的自主可控水平。2019年11月，《〈俄罗斯联邦通信法〉及〈俄罗斯联邦信息、信息技术和信息保护法〉修正案》颁布实施。该修正案旨在保护俄罗斯互联网在遭受外部攻击时实现可持续运营，因此又被称为《主权互联网法案》。《主权互联网法案》的实施使俄罗斯可通过诸多措施，实现互联网和本国数据的自主可控，减少对境外网络的依赖，保障网络安全。

在加大数据保护力度的同时，俄罗斯也参与国际合作，在一定范围内允许数据自由流动。俄罗斯作为《108号公约》的缔约国，也签署了欧洲委员会对《108号公约》修订后的议定书，承认加入《108号公约》的国家为个人数据提供了充分的保护。另外，俄罗斯还建立了认定数据得到充分保护的国家白名单，适当放宽对白名单中国家的数据流动限制。

四、亚洲主要国家

（一）日本

日本在促进跨境数据流动方面积极与欧盟、APEC对接，在立法形式上参考欧盟，但相关政策解释更具弹性。

早在2003年，日本就通过了第一部《个人信息保护法》（The Act on the Protection of Personal Information），并于2005年4月1日起施行。随着互联网信息技术的急速发展，该法于2015年进行了大幅修订，新修订法案于2017年

跨境数据流动：全球治理趋势与我国规制策略

5月30日起施行。数字经济的全球化发展也推动日本新修订法案规则发生了很大变化，特别是引入数据跨境转移监管。《个人信息保护法》在日本隐私权行政法规保护方面居于绝对的核心地位，对日本国民隐私起到重要的保护作用。

新修订法案规定了向境外转移个人数据的三种合法方法：①事先征得个人同意；②转移的目的国是个人信息保护委员会认可的具有和日本同样保护水平的国家（白名单国家）；③接收数据的海外企业依照个人信息保护委员会的要求建立了数据保护的完善体系，能够为数据提供有效保护。就境外个人信息的处理，新修订法案引入了相关限制措施。根据现行法第24条的规定，原则上，未经本人同意，个人信息处理业者不可以向在海外的第三人提供个人数据，但在"该第三人所在国家是个人信息保护委员会承认的，作为在保护个人权益方面设立有与日本水平相当的个人信息保护制度"的情形中，以及该第三人完善体制符合个人信息保护委员会规定的标准或符合现行法第23条中的具体情形下，可以向海外的第三人提供该个人数据。新修订法案还增设日本个人信息保护委员会（PPC）作为日本个人信息处理从业者的专门监管机构。PPC 以《个人信息保护法》为法律依据，确立了"保护个人信息权益，兼顾个人信息有用性"的指导原则。

新修订法案在跨境流动方面的变化也在为欧盟与日本间就个人信息跨境的充分性认定做准备。2019年1月，欧盟委员会通过对日本的充分性认定，实现了日欧之间双向互认。从日本2017年实施的《个人信息保护法》的内容来看，其第一条立法目的就指出："在高度信息通信社会的深化所带来的对个人信息的利用显著扩大的背景下，通过对个人信息之正当处理的基本理念、由政府制定基本方针及采取其他保护个人信息的措施等基本事项作出规定，明确国家和地方公共团体的职责等，并对个人信息处理业者应遵守的义务等作出规定，从而重视个人信息的正当且有效利用在促进新兴产业的创造、实现充满活力的经济社会和富足的国民生活上的作用，以及其他个人信息的作用，保护个人的权利或利益。"这与欧盟 GDPR 在前言中所倡导的理念十分相似，提出有必要在打造高水平个人信息保护环境的同时，进一步促进个人信息跨境自由流动。

日本还积极参与双边/多边协定，积极推动跨境数据自由流动规则的建立。日本积极参与 TPP 和 APEC 的 CBPR 体系。日本作为 CBPR 体系成员，建立了认证制度,为企业遵循 CBPR 体系实施跨境数据传输提供了有力保障。在美国推出 TPP 后,日本成为主导《全面与进步跨太平洋伙伴关系协定》(CPTPP)的主要成员。

(二)新加坡

新加坡高度重视数字经济发展。作为亚太地区第四大互联网数据中心,新加坡对数据跨境流动秉持开放的态度,将数据跨境流动视为促进数字贸易发展的重要途径。新加坡主张高水平的数据保护和数据自由流动相结合,积极制定和完善数据跨境流动管理规则。其个人数据保护立法已有九年多的历史,旨在保护公民的个人数据不受机构的侵犯,并确保公民在个人数据受到侵害时可寻求法律保护。

新加坡通过构建法律规则体系和相应的监管体系,建立起数据跨境流动管理的法律制度框架。早在 2012 年 10 月 15 日,新加坡就颁布了《个人数据保护法》(PDPA)。该法是新加坡规范个人数据收集、使用和披露的综合性立法。2013 年 1 月 2 日,新加坡颁布 PDPA 附属条例《个人数据保护条例》(PDPR)及其实施细则。此外,为了更好地执行《个人数据保护法》,新加坡还配套出台了针对特定领域(如电信业、房地产行业、教育行业、医疗行业、社会公益服务行业)的多项个人数据保护指南,以指导企业更好地对个人数据进行保护,而且不断根据现实情况对指南进行修订。由此,PDPA 与相关数据保护条例、指南共同构成了新加坡数据保护体系的法律制度框架。在制度监管方面,新加坡政府于 2013 年 1 月 2 日成立了个人数据保护委员会(PDPC),负责管理和执行《个人数据保护法》的相关事项,并代表新加坡政府处理有关数据保护的国际事务。

根据相关法律要求,新加坡还确立了与欧盟类似的数据跨境传输要求,禁止向数据保护水平低于新加坡的国家或地区转移数据,但在特殊情况下,企业可以申请获得个人数据保护委员会的豁免。一是对数据流动目的地国家或特定部门、地区进行充分性或等效性评估认证。除非数据接收国家和地区满足 PDPA 法律要求,有能力对个人信息提供相同标准和力度的保护,否则不允许组织将个人数据转移到境外。二是设定允许数据跨境流动的其他法定理由,包括征得数据主体同意、证明为履行合同义务必要或关乎生命健康的重大情形、属于公开的个人数据、仅作为数据中转、非上述理由不得将数据向境外流动。

2018年以来，新加坡在个人数据保护的立法方面又有一些颇受瞩目的新进展，其中主要有2019年1月14日颁布的重要案例、2018年8月31日颁布的《关于国民身份证及其他类别国民身份号码的〈个人数据保护法令〉咨询指南》和2020年5月14日发布的《个人数据保护法（修订）草案》的公开征求意见稿等。《个人数据保护法》的立法目的在于限制和规范收集、使用或披露个人数据的行为。但特别需要指出的是，根据该法第4条规定，新加坡个人数据保护责任并不适用于公共机构，或受公共机构委托协助收集、使用或披露个人数据的商业机构。

《个人数据保护法（修订）草案》有四点变化。一是加强机构的问责制。问责制将作为《个人数据保护法》中的一项关键原则，同时会引入实现问责制的最佳实践，作为补充收集、使用和披露个人数据的新途径。此外，《个人数据保护法（修订）草案》还将纳入公共部门数据安全审查委员会（PSDSRC）的相关建议，确保处理政府个人数据的第三方承担责任，并明确个人数据处理的违法行为。二是完善框架，在必要时达成一致。在一些情况下，机构将能够出于合法利益和业务改善的目的而收集、使用或披露个人数据，尤其是出于公共利益的目的。三是强化个人对其数据享有的权利。新的"数据可携带义务"将赋予个人对其数据更强的选择和控制力，防止个人被锁定到一种服务中，确保个人可以切换到新服务中。同时，还将修改"请勿拨打电话"条款，为消费者在营销信息方面提供更多保护。四是增加处罚力度。《个人数据保护法（修订）草案》将增加罚款数额，以及提高PDPC的执行力。例如，要求个人出庭作陈述和开展调解，以提高PDPC的执法效率。

《个人数据保护法（修订）草案》旨在确保其立法体制"适合"数据环境下复杂的数字经济。但是，一些新加坡议员表示，《个人数据保护法（修订）草案》，特别是关于例外情况和被视为同意的修正案，范围太广，可能会被一些组织滥用。

在考虑这些有利影响是否大于对个人的潜在不利影响时，可以从组织的角度主观地评估看待"合法利益"，这是《个人数据保护法（修订）草案》中概述的要求。PDPC于2019年调查了185起涉及数据泄露的案件，并发布了58项决定。在执行决定的过程中，政府下令 39 个机构支付 170 万新币的罚款，其中数额较大的两项罚款分别是 75 万新币和 25 万新币，分别用于支付给综合卫生信息系统和新加坡卫生服务机构。

对于国际合作，新加坡的理念主要是对接多边数据跨境流动规则，促进区域内数据自由流动。2018 年 2 月，新加坡加入了 APEC 主导的 CBPR 体系，并着手开发与 CBPR 对接的认证机制。此外，新加坡还充分吸收借鉴《东盟个人数据保护框架》和 OECD 隐私原则等有关要求，积极推广互通性的、相互协调的、国际公认的标准，使新加坡成为亚洲数据跨境流动的示范区。2020 年，新加坡作为东盟国家正式签署 RCEP，与其他 14 个亚太国家一道，尝试建立东亚自贸区，探索亚太地区跨境传输数据规制方案。

（三）韩国

总体而言，韩国对于跨境数据流动的治理体系是建立在欧盟治理实践的基础之上的。韩国政府不断根据国内现实需要和国际环境调整本国对跨境数据流动的治理体系，在积极参与国际交流合作的同时，也十分注重重要领域的数据保护。

和很多国家一样，韩国的跨境数据流动治理体系也起始于对个人信息的保护。在针对个人信息保护方面构建出统一规制体系之前，韩国的公共部门和民间部门分别采用不同的个人信息保护法律。在公共部门层面，1994 年 1 月，韩国出台《公共机关个人信息保护法》，以加强对公共机关通过计算机处理的个人信息的保护力度。在民间部门层面，有关个人信息保护的规定主要集中在信息通信、金融等领域的法规中。这种"二元化"的个人信息保护体系的覆盖面存在漏洞，使得个人信息受到侵害的案件频繁发生，在这一背景下韩国政府开始酝酿出台《个人信息保护法》(*Personal Information Protection Act*)，以实现对个人信息更为全面、统一的保护。

2011 年 3 月，韩国政府颁布《个人信息保护法》，内容涵盖个人信息保护政策的制定、个人信息的处理、个人信息的安全管理、信息主体的权利保障等方面。后来，韩国政府先后对《个人信息保护法》进行了多次修订，进一步增强了该法案的具体性和可操作性，在更大程度上允许非公有部门更多地参与到跨境数据流动的治理当中。根据 2016 年修订的《个人信息保护法》第 17 条规定，组织和机构向境外第三方提供个人信息时，应当将信息类型、目的、接收主体的信息及保存期限等告知数据主体。

韩国国家信息与传播部、韩国信息安全局是数据保护安全的执行机构。前者主要负责保护电子通信中的隐私安全；而后者主要负责推动韩国的互联网发展，同时应对个人信息安全威胁，可以在韩国国内数据安全面临国外因素威胁时协助解决相关问题。

在涉及国家安全的重要领域，韩国严格限制相关数据跨境流动。例如，韩国规定移动通信服务提供商应采取规范措施，禁止涉及经济、工业、科学技术等重要数据跨境流动。

在跨境数据流动治理国际合作方面，韩国也积极参与地区性的合作平台，如《APEC 隐私框架》下的 CBPR 体系，但 CBPR 并不具有强制约束性，更大程度上是为了规范 APEC 成员之间跨境数据流动而制定的自愿性隐私保护机制。此外，韩国也与欧盟达成了充分性保护互认协议，积极融入欧美主导的多边平台。

（四）印度

印度是实施数据本地化与跨境流动限制政策的典型代表国家。印度并不想实施严格的"数据保护主义"，但又不能放任数据的自由流动，因此印度既想积极融入全球化，同时又致力于发展数据本地化政策以促进本国数字经济发展。印度将个人数据纳入数据本地化规制范畴，对个人数据实施分类分级监管，引入多种监管机制并行，以此满足不同的数据本地化要求。

印度提出了多项要求数据本地化的法律法规。在 1993 年发布的《公共记录法》中，印度就规定除"公共目的"外，禁止公共记录向印度境外传输。随着印度数字产业的发展，印度对于数据本地化储存和跨境数据流动的规制逐渐增多。

2012 年，印度《国家数据共享与开放政策》颁布生效，要求政府数据必须存储在本地数据中心。2014 年 2 月，印度国家安全委员会提出提案，要求全部电子邮件提供商为印度业务设置本地服务器，并强制两个用户间的通信数据均保留在印度境内。2014 年，印度颁布《公司（账户）条例》[*The Companies* (*Accounts*

Rules]，要求将主要存储地为海外的财务信息备份在印度。2018 年，印度发布了《电子药房规则草案》(Draft E-pharmacy Rules)。该草案规定，电子药店的所有者应对其收集的处方信息和用户信息进行保密，不得违法披露。通过电子药房门户网站生成的数据均需在印度本地维护，不得以任何方式向印度境外传输或在印度境外存储。

2018 年 8 月，印度发布了《印度电子商务：国家政策框架草案 2018》(Electronic Commerce in India: Draft National Policy Framework 2018)，旨在限制外国大型企业，尤其是美国科技企业在印度的扩张。该草案前言部分明确提出，印度将会逐步推进数据本地化政策，要求在境内建立更多的数据中心和服务器。《印度电子商务：国家政策框架草案 2018》列出了五种数据本地化的豁免情形，如对不在印度收集的数据，境内企业基于合同所需向境外以 B2B 模式传输的数据，与软件和云计算服务相关的技术数据，初创企业的数据传输，跨国企业内部数据传输等并不加以限制。此外，该草案还规定，物联网设备在公共空间收集的团体数据（Community Data），以及电子商务平台、社交媒体、搜索引擎等产生的数据仅能在印度境内存储。

2018 年，印度发布了《个人数据保护法案 2018》(Personal Data Protection Bill 2018)。2019 年 12 月，印度内阁通过了该法案。该法案引入了域外管辖权、数据可携权、被遗忘权等新权利，以及隐私影响评估、通过设计保护隐私等新机制，以增强印度的个人数据保护水平。其中，第八章专门对个人数据的跨境传输加以规范。该法案将个人数据分为一般个人数据、敏感个人数据和关键个人数据。其中，敏感个人数据包括密码、财务数据、健康数据、官方标识符、性生活、性取向、生物数据、基因数据、宗教或政治信仰等。

国际合作方面，由于数字经济发展滞后，所以作为 G20 成员的印度、南非等发展中国家并未在《数字经济大阪宣言》中签字。

（五）菲律宾

菲律宾有关跨境数据流动的规制广泛参考了东盟、RCEP 等多边组织的做法，总体上要求以确保数据安全为前提，支持商业数据正常跨境流动。

2012 年，菲律宾颁布《数据隐私法案 2012》(Data Privacy Act of 2012)。该

法案由国家隐私委员会强制执行。该法案规定，在个人信息控制者确保遵守法律的前提下，允许国际数据从菲律宾向境外流动。该法案虽然没有进一步明确其他情况下的跨境数据流动管理要求，但总体上初步建立起了以确保安全为前提的数据管理体系。2016 年，菲律宾国家隐私委员会发布了《数据隐私法案实施细则》(Implementing Rules of the Data Privacy Act)，明确指出《数据隐私法案 2012》的适用范围涵盖公众与私有数据管理者掌握的个人信息，并就商业数据收集、处理、共享等提出了数据保护要求。

2019 年，菲律宾国家隐私委员会与新加坡个人数据保护委员会签订谅解备忘录，这是菲律宾与他国隐私执法机构签订的首个谅解备忘录，内容涵盖数据保护领域的信息和经验共享及隐私保护领域的沟通合作机制。

菲律宾作为东盟的成员国，对跨境数据流动的规制自然受到东盟相关政策的影响。2021 年 1 月，东盟通过协议，承诺创建区域性跨境数据传输机制，并将其纳入东盟"数字化数据治理框架"。此外，菲律宾还加入了 RCEP，并通过 WTO 参与了全球范围内有关电子商务的多边谈判，就数据流动、个人信息保护等议题发出自己的声音。

（六）马来西亚

马来西亚对跨境数据流动的规制起源于个人数据保护，政府根据国内个人数据保护现状持续对相关法律进行更新，以不断适应数据安全的新形势。

2010 年，马来西亚出台《个人数据保护法令 2010》(Personal Data Protection Act 2010)，以规范数据使用者对个人信息的收集、存储、处理等方面。《个人数据保护法令 2010》规定，处理或有权处理商业交易相关个人信息的任何组织或个人均须遵守数据保护规定。该法令有七项原则，包括数据保护通用原则及通知和选择、披露、安全、数据保留、数据完整性和数据访问原则。该法令要求数据使用者不得将个人数据传输到马来西亚境外，以下四种情况除外：一是已取得数据主体同意；二是为了履行数据主体和数据使用者之间的合同而进行的必要数据传输；三是数据使用者已采取一切必要措施，确保数据传输过程完全符合相关规定；四是为维护数据主体的合法利益而进行的必要数据传输。

2017 年，马来西亚针对个人数据跨境流动出台草案，并征求公众意见。草案通过后，数据使用者向马来西亚境外经过安全认证的地方传输个人数据时，无须获得数据主体的授权。

虽然马来西亚政府不断加强对个人数据的保护，但该国屡次发生个人数据泄露事件。2017年10月，马来西亚约4620万份手机用户资料遭泄露，内容包括用户地址、身份证号码及手机识别卡信息，这是马来西亚史上最大的数据泄露事件之一。2018年1月，该国超过22万名器官捐献者及其亲属的个人信息遭到泄露，泄露的信息包含器官捐献者的姓名、身份证号码、电话号码及家庭住址等。由于捐献者的家属信息一并遭到泄露，此次事件估计共涉及超过44万人。

总的来看，马来西亚政府在不断根据国内外最新形势调整对跨境数据流动的管制，探寻如何在维护数据安全和允许数据自由流动之间实现平衡。

（七）越南

在跨境数据流动治理方面，越南强调通过数据本地化存储的方式应对数据安全威胁。越南相关法律法规中，对数据本地化存储的要求相当严格，越南政府对数据有着很大的监管权限。

自2013年美国"棱镜门"事件引发全球广泛关注开始，跨境数据流动对网络安全和国家安全的威胁成为世界各国关注的重要议题。与很多国家一样，越南也是从这一时间节点开始出台法律法规，加大对跨境数据流动的监管力度的。例如，2013年，越南政府出台法律要求在越南境内的所有网络信息和服务提供者，如谷歌、Facebook等全球互联网公司在越南开展业务时必须建立新的数据中心。

此外，越南国内的互联网市场规模增长迅速，发展潜力巨大，但互联网安全形势却不容乐观，网络犯罪问题日益严峻。在内因和外因的共同作用下，越南政府开始酝酿出台针对网络安全、数据安全的法律法规。

2018年6月，越南第十四届国会第五次会议表决通过《网络安全法》(*Law on Cybersecurity*)，并于2019年1月1日起正式实施。越南《网络安全法》对网络空间国家安全、社会利益、公民权益保护等内容作出了详细规定。在数据本地化方面，该法规定，在越南网络空间提供电信网、互联网服务的企业，在采集、分析和处理个人数据时，必须在政府规定的时间内在越南境内存档。相关外国企业必须在越南设立分支机构或代表处，向境外提供相关数据信息前，需要经过越南相关部门评估审批。

在越南《网络安全法》出台之前，部分国会议员和专家曾表示出一定的担忧，认为颁布该法可能会违反越南作为 WTO 等国际组织成员的承诺。同时，一些西方国家和非政府组织表示对越南出台《网络安全法》感到失望。同时，也有来自俄罗斯、孟加拉国等国家的声音支持越南出台《网络安全法》，认为此举有助于推动越南的经济社会进步。

就本质而言，越南对跨境数据流动的严格治理态度符合越南当前的国情，有效地保护了越南境内产生的数据的安全，有力地维护了越南的网络安全和国家安全，也对越南互联网市场的规范化、法制化发展有一定的促进作用。

（八）泰国

泰国规定个人数据不得在泰国境外传输，除非接收国或国际组织在监管机构看来具有足够的个人数据保护标准，并且传输规则符合监管机构的规定。2019 年，泰国颁布了《个人数据保护法案》，并于 2020 年 5 月 27 日正式生效，该法案规定了数据流动到境外的准则，数据流动的目的地国家或机构必须有充足的个人数据保护标准，具体操作按个人数据保护委员会公告执行。

《个人数据保护法案》选择列出了足以进行跨境数据传输的司法管辖区，并说明如何开展跨境数据传输。该法案中有关适当性要求具有四个例外情况：①已获得数据主体的转让同意；②使用特定的法定豁免；③接收组织提供适当的保护措施来实现数据主体的权利；④接收组织已经制定了适用于海外数据传输的"个人数据保护政策"。这些例外情况表明，从泰国向境外转移数据的主体可以利用超出适当性的几种转移机制。

国际合作方面，泰国是 APEC 的成员，但尚未加入 CBPR 体系。泰国已通过贸易协定作出了一些与个人数据保护有关的国际承诺。例如，泰国与智利签署的 FTA 第 11 条规定，各方承诺在保护电子商务用户的个人数据和制定本国的方法时考虑国际标准。泰国就加入 CPTPP 进行了讨论，同时还是东盟 RCEP 的成员。泰国通过 WTO 关于电子商务的联合声明倡议参加了多边谈判并提出了一些跨境数据流动的建议。

五、其他主要国家

（一）加拿大

加拿大个人信息保护立法规制起步较早，且随着信息通信技术的发展在不断更新完善。作为美国的邻国，加拿大没有盲目效仿"美国模式"，而是走出了一条因地制宜的个人信息保护立法道路。相关立法演进体现出加拿大对公民个人的隐私权的保护程度逐渐提升，同时积极对接国际社会高水平的个人数据保护规范，以促进数据跨境流动，进而推动加拿大经济增长。加拿大前任国家隐私专员 Chantal Bernier 博士表示，"公开透明是最重要的原则，秘密地管理数据隐私只会产生阻力并严重损害政府声誉，还不如光明正大地告诉国民，政府在收集他们的隐私数据，而这一切都是为了他们的身体健康，相信民众是能够理解这是特殊时期的特殊手段的。"

早在 20 世纪 80 年代，加拿大颁布的《银行业法案》就要求在加拿大经营的银行必须将基本记录放在加拿大境内，使得跨国银行在进行集中化处理服务时必须首先在加拿大境内处理原始数据。此后，除加拿大银行业外的其他领域也对个人数据的出境管理做了系列要求。加拿大不列颠哥伦比亚省和新斯科舍省强制要求公共机构（如学校、医院）保存的个人数据必须在加拿大存储和访问。

1983 年，加拿大颁布了《隐私权法》，主要对联邦政府收集、使用和披露个人信息的行为进行规范。2000 年，加拿大《个人信息保护和电子文件法》（PIPEDA）获得通过。制定 PIPEDA 的初衷是为了更好地规范个人信息的采集、使用和披露，对接国际社会高水平的数据保护规范。如果从《隐私权法》的颁布算起，目前加拿大个人信息保护法律制度已经实施了四十年，在加拿大国内已经形成了一套行之有效的法律制度，个人信息电子资料的法律保护体系较为成熟。

在这一体系的运行过程中，PIPEDA 坚持的十项原则可谓是 PIPEDA 的"灵魂"。这十项基本原则，既是对法律本身的高度概括，又是在实践中对法律的有效补充。这十项基本原则是基于 OECD 所公布的个人信息保护原则展开的，分别是：承担保密义务的原则，确定采集和使用个人信息的目的原则，当事人同意的原则，有限采集原则，限制使用、披露和存储的原则，准确性原则，保证个人信息得以安全保存的原则，公布使用方法原则，当事人有知情权原则及接受申诉并核实信息的原则。欧盟委员会在 2001 年作出决定，认可加拿大的 PIPEDA 足以对个人信息进行有效保护，允许欧盟成员国和商业机构将个人信息自由传输到加拿大境内的机构。

2020 年 11 月，加拿大发布《2020 年数字宪章实施法案》（*Digital Charter Implementation Act 2020*），该法案目前已进入审议环节。制定《2020 年数字宪章实施法案》旨在强化对加拿大公民参与商业活动时的隐私保护。加拿大有关部门还将制定《消费者隐私保护法案》（CPPA）及新的《个人信息和数据保护法庭法案》（PIDPTA）。CPPA 系统更新了加拿大原有的《隐私权法》。而根据 PIDPTA，加拿大将设立个人信息和数据仲裁机构，对违反隐私政策的行为进行强制性的行政处罚。此外，《2020 年数字宪章实施法案》将废除 PIPEDA 的第 2 部分，并使其独立成法，即《电子文件法》。新的立法改革进一步强化了隐私保护执法，对严重的违法行为最高可处以企业年度总收入 3% 的罚款。如果《电子文件法》成为法律，它将在大多数领域取代 PIPEDA，扩大数据隐私义务，并对收集用户数据的企业实施新的执法机制。

近年来，针对加拿大数据的网络攻击层出不穷。2019 年 11 月，约 1500 万客户的数据（近乎加拿大 3800 万人口的一半）从医疗实验室 LifeLabs 失窃。2020 年，加拿大银行 Desjardins 被曝大约 420 万名客户的个人数据被一名雇员盗取并提供给第三方。2019 年，大约有 10000 个属于使用在线政府服务的账户被黑客入侵。为此，加拿大总理特鲁多表示，若七国集团存在侵犯隐私行为，将根据《2020 年数字宪章实施法案》的规定处以最高罚款。加拿大科学和工业部部长纳维普·贝恩斯也表示，"对严重违法处理个人信息的企业，可处其上一年度营业额的 5% 或 2500 万加元（约合人民币 1.3 亿元）的罚款，两者中取其高。"

国际合作方面，2018 年 3 月，加拿大签署了 CPTPP。加拿大还与美国、墨西哥签署了 USMCA，以推动北美地区的跨境数据流动。

从加拿大国际合作的选择来看，较之新加坡等亚太国家广泛融入多边合作框架体系,加拿大尤其注重北美联盟的维系。这也表明,区域合作下的跨境数据流动规则探索效率或优于全球范围合作。

(二)澳大利亚

澳大利亚受欧盟制度的影响,积极改革国内的法律体系,建立了与欧盟类似的跨境数据流动监管体制。澳大利亚在跨境数据流动治理领域兼顾了数据安全与开放。澳大利亚 2014 年引入的"隐私原则"确立了一般个人数据和敏感个人数据的采集、使用、披露等原则;而 2012 年出台的《个人控制电子健康记录法》(*The Personally Controlled Electronic Health Records Act*)则对最为私密和敏感的个人健康数据采取了更加严格的要求,在个人健康数据跨境流动方面一般采用禁止性原则。

澳大利亚 1988 年颁布实施了关于个人信息保护的《隐私法案》(*The Privacy Act*),对个人信息隐私、信用报告等作出了规定。2014 年,澳大利亚《隐私法案》重新修订,引入了澳大利亚"隐私原则"(Australian Privacy Principles,以下简称 APP 原则)和"隐私原则实体"(Australian Privacy Principles Entities,以下简称 APP 实体,即机构和组织)的概念,明确了联邦机构收集和处理"个人信息"的标准。APP 原则构成了个人信息隐私行为准则。同时,澳大利亚信息专员办公室还发布了《澳大利亚隐私原则指南》(*APPs Guideline*)。

《隐私法案》第 3 章 16C 部分和"隐私原则"第 8 节构成了澳大利亚联邦层面的个人数据跨境流动监管框架。该框架要求澳大利亚 APP 实体应当确保海外接收方按照隐私原则处理个人信息,并在海外接收方信息处理不当时,由 APP 实体承担相应责任。当 APP 实体向海外接收方披露个人信息时,该实体必须采取"合理步骤"以确保遵循 APP 原则。APP 原则清楚定义了 APP 实体何时适合传输数据及允许传输哪些数据。APP 实体在向海外接收方发送信息时必须进行披露的情况包括:①在海外会议或大会期间披露个人信息;②有意或无意将个人信息发布至互联网;③通过电子邮件或纸本文件向海外发送个人信息。

值得注意的是,澳大利亚认为个人健康数据属于最为私密和敏感的个人数据的范畴,对此出台了相关法律法规禁止其跨境流动。澳大利亚要求个人健康记录均仅可存储于澳大利亚。澳大利亚《个人控制电子健康记录法》规定个人健康数据的跨境流动在一般情况下是被禁止的。该法案第 74 条规定禁止个人健康数据向澳大利亚以外地区传输；然而该法案也规定了个人健康数据可以进行跨境流动和加工处理的特殊情况，即跨境流动的信息不包括可识别个人身份的数据，或者该信息的所属者未在健康记录系统中。

同时，澳大利亚也积极投身跨境数据流动的国际合作。在 WTO、APEC、东盟等国际组织机构中，澳大利亚签署了多项联合声明和协议，推动跨境数据流动。2019 年，澳大利亚作为 WTO 成员签署了《关于电子商务的联合声明》；澳大利亚加入了 APEC 的 CBPR 体系；2020 年，东盟 10 国和包括澳大利亚在内的共 15 个亚太国家正式签署于 2012 年发起的 RCEP。

（三）巴西

巴西作为发展中国家的代表，从维护网络和数据安全的角度出发制定跨境数据流动政策，以保护本国数据为主，且对数据本地化存储或限制数据跨境流动有较为严格的要求。但近年来，巴西逐步借鉴欧盟经验，构建本国的跨境数据流动规制体系。

巴西 2013 年开始针对个人数据制定分类分级的相关政策，要求互联网公司在巴西境内建立数据中心。2018 年 8 月 14 日，巴西总统批准了巴西《通用数据保护法》（LGPD）。LGPD 于 2020 年 9 月 18 日生效（例外：法规中关于禁令和行政处罚的条款从 2021 年 8 月起生效），是巴西首部专门统一规范个人数据保护的法律法规。巴西在确保个人数据安全和国家安全的前提下，允许数据向达到充分保护水平的国家或地区流动。

LGPD 在借鉴欧盟 GDPR 的基础上，又整合了巴西《国家互联网民事总则》《消费者权益保护法》等现行法律中的有关规定。LGPD 有关数据处理及跨境管辖呈现以下特点：对个人数据进行分类分级，根据敏感程度规范数据处理。LGPD 将个人数据划分为三个等级，即个人数据、敏感个人数据和特别敏感个人数据。个人数据在某些特定条件下可转化为敏感个人数据。LGPD 个人数据处理相关条款为不同敏感程度的数据规定了特定的处理条件，敏感个人数据只能在该法列举的有限情况下被处理。与欧盟 GDPR 类似，LGPD 同样具有跨境管辖特征，且规定了较为宽泛的域外管辖范围。根据该法规定，在巴西境内数据处理行为的目的是提供货物或服务或需处理的数据收集自巴西境内，涉及以上几种情形的，任何国外公司或服务器设在国外的网站也应遵守 LGPD 的规定。同时，为了监督和规范 LGPD 的实施，巴西政府设立了巴西国家数据保护局（ANPD）。国家数据保护局将有权对违反 LGPD 的行为进行制裁或处罚。

2021 年，巴西网络安全企业 PSafe 的网络安全实验室 dfndr 报告称，巴西的一个数据库发生重大泄密事件，几乎所有巴西人的个人信息都遭到了泄露，另外还有超过 1.04 亿辆汽车和约 4000 万家公司的详细数据遭到了泄露，受影响的人员数量约有 2.2 亿人。截至 2021 年 8 月，尚无法院判定的赔偿结果。但根据 LGPD 规定，对盗取数据库行为的罚款可能高达 5000 万雷亚尔（约合人民币 6221 万元）。

国际合作方面，巴西参与签署了 G20《数字经济大阪宣言》和 WTO《关于电子商务的联合声明》等涉及跨境数据流动的多边协议框架，但同多数发展中国家一样，巴西在跨境数据流动领域尚无能力主导双边和多边协定。

（四）墨西哥

对于私营实体，墨西哥限制在境外披露个人数据，除非发出通知并获得同意，或是适用于其他例外情况。值得注意的是，墨西哥也有要求公共机构将其相关设施的公共信息和国家安全信息本地化存储的规定。

墨西哥《数据保护法》规定，如果数据控制者打算将个人数据传输给数据处理者以外的国内或国外第三方，则必须向第三方提供数据主体的隐私声明及数据主体限制数据处理的目的。与此同时，跨境数据在传输时，数据处理必须与隐私声明中约定的内容一致，隐私声明应包含表明数据主体是否同意传输其数据的条款。第三方接收者承担与传输数据的数据控制者相同的义务。

个人数据跨境传输可以在未经数据主体同意的情况下进行，有七种豁免情况：如果传输是①根据墨西哥加入的法律或条约；②医疗诊断或预防，提供医疗保健，医疗或健康服务管理所必需的；③向数据控制者共同控制下的控股公司、子公司或附属公司，或提交给与数据控制人在相同的内部流程和政策下运作的母公司或与数据控制人同一集团的任何公司；④为了数据主体的利益，数据控制者和第三方之间已签署或将要签署的合同是必要的；⑤为维护公共利益或司法行政所必需或法律要求；⑥在司法程序中承认、行使或捍卫权利所必需的；⑦为维持或遵守因数据控制者与数据主体之间的法律关系而产生的义务所必需的。

按照规定，以上任意一种情况下，向数据处理者进行个人数据的通信或传输不需要得到数据主体的通知或同意。但是，数据处理者必须执行以下所有操作：不得出于数据控制者指示以外的目的处理个人数据；执行法律法规和其他适用法律法规要求的安全措施；在处理个人数据时须保密；删除在与数据控制人的法律关系结束后或在数据控制人指示时处理的个人数据，除非有保存个人数据的法律要求；除非接到数据控制者的通知，或按外包的沟通要求，或应相关主管部门的要求，否则不得传输个人数据。

国际合作方面，除 USMCA 外，墨西哥同美国、加拿大等国家和地区加入了由 APEC 主导的 CBPR，共同规范 APEC 成员个人信息跨境传输活动和多边数据隐私保护。

六、全球跨境数据流动规制总体格局

从当前全球发展格局来看，各国对数据跨境流动的规制策略各不相同，发达国家和发展中国家的规制思路出现明显分歧。发达国家倾向于促进跨境数据自由流动，以促进数字贸易发展，获取更多数据资源；发展中国家则以保障本国数据安全为首要目的，更倾向于对跨境数据流动采取本地化限制。可以看出，各国对跨境数据流动的治理策略是由本国的经济产业发展水平和国家安全需求决定的。如果一国科技发展水平高、产业发达、安全威胁不紧迫，就会采取鼓励数据跨境流动的策略；反之，科技发展水平不高、产业不发达、安全威胁紧迫的国家，则会采取紧缩的数据跨境流动策略，具体表现为数据本地化存储。

（一）规制思路总结

目前，从跨境数据流动规制思路来看，全球国家共分为四类。

1. 美国：强调数据自由流动并以专属协议推进数据治理

美国作为跨境数据自由流动的提倡者，一直认为数据和信息的自由流动是数字经济下贸易协定的关键要素，强势主导跨境数据流动国际规则制定，旨在维护其自身在全球贸易中的主导地位。

就政策重点而言，美国一是鼓励数据自由流动。美国凭借其强大的经济实力和影响力，在贸易谈判中，"跨境数据自由流动"被纳入协议条款，以破除其他国家的数据出境壁垒。同时，开展双/多边的对话及区域性论坛，宣传数据自由跨境流动为其贸易伙伴带来的益处。二是通过主导双边和多边协议达成其数据流动的制度安排。美国倡导建设无障碍数据流动圈，通过双边和多边机制达成数据流动的制度安排，实际上是利用其强势地位为其提供获取境外数据的通道。这包括欧美先后达成的《安全港协议》《隐私盾协议》，美国与加拿大、墨西哥达成的《美墨加协定》等。三是以域外效力立法的方式实施"长臂管辖"。美国以反腐败、反洗钱、反恐怖主义、维护国家安全为由实施跨境执法，旨在在全球范围内获取数据。2018年美国出台的《云法案》就授权执法机构调取境外存储信息。

就美国国内制度安排而言，美国并没有出台有关数据跨境流动的统一规则，主要根据其贸易体系和规则的需要进行人员、机构和政策的安排。相关的组织结构主要包括美国商务部、美国联邦贸易委员会、美国贸易代表办公室及美国司法部等。

2. 欧盟：强调个人数据保护并以一体化管理方式推进、输出数据治理政策

与美国具有扩张性的数据政策不同，欧盟虽然也支持数据自由流动，但是更重视个人数据保护，侧重以建构数据权利体系的方式，对跨境数据流动作出限制，进而影响其他国家的制度改革。从前文分析可知，无论是《数据保护指令》还是GDPR，都要求欧盟公民的个人数据流出欧盟境外必须获得"充分性"保护。换言之，只有一国国内数据保护制度得到欧盟认可，欧盟公民的个人数据才被允许流入该国。GDPR的一个显著特点是其广泛的域外适用，它将欧盟内部严格的个人数据保护标准拓展至欧盟外部。欧盟委员会每四年通过数据保护立

法、监管机构运作、国际承诺和公约签订三个维度对"充分性认定"的国家和地区进行评估，目前仅加拿大、新西兰、瑞士等少数国家获得充分性认定。可见，欧盟对跨境数据流动的监管是极其严苛的。

值得一提的是，虽然欧盟实行严苛的数据出境监管政策，并始终将个人数据保护置于不容谈判、不容挑战的位置，但是在满足此前提下，欧盟承诺的数据开放程度比美国模式更高，并没有对公共目标进行大规模的保留和设置安全例外条款。因此，欧盟与美国在促进数据跨境流动这一立场上完全一致。欧盟采取更加平衡的规制思路，旨在实现区域内维持高标准隐私保护的前提下促进数据跨境流动，未达标国家和地区或企业禁止数据自由流动。但是，政策的实施效果与这一目标仍存在差距，也引发了国际社会的许多争议。

3. 日本、韩国、新加坡、澳大利亚等发达国家：加大数据治理力度，同时鼓励跨境数据流动

一方面，日本、韩国、新加坡、澳大利亚等数字经济发展已经较为成熟的国家近几年来逐渐加大数据治理强度，纷纷通过数据保护法并设置独立的数据保护机构，以提升本国数据保护的标准和水平；另一方面，这些国家在全球数字贸易中的深度涉入，又使得这些国家与欧盟和美国一样，拥有充分的动机推动跨境数据流动。以日本为例，2019年G20大阪峰会提出的"可信赖跨境数据流动"即是日本试图推动各国重塑信任，并在有约束力的制度基础上推动跨境数据流动所做的努力。

一个值得关注的趋势是，近年来，很多发达国家在政策制定上积极借鉴欧美经验，并向欧美靠拢。一方面，借鉴欧盟治理经验，积极向GDPR靠拢。2017年开展"充分性认定"对话时，欧盟委员会在东亚首选日本和韩国。由这一趋势也可以看出，GDPR具有较强的对外影响力：要获得来自欧盟的数据，只能向欧盟靠拢，不仅包括法律制度和保护水平，也包括基本价值观和总体政治关系。综合来看，在亚太地区先是日本、韩国向欧盟靠拢。随后，欧盟相继和日本、韩国达成了充分性认定。新加坡则建立了与欧盟类似的数据跨境传输要求，禁止向数据保护水平低于新加坡的国家或地区转移数据，但在特殊情况下，企业可以申请获得个人数据保护委员会的豁免。此外，多国立法还提供了数据跨境传输合同条款作为补充。澳大利亚、新加坡、加拿大等国均借鉴欧盟经验，采取合同

形式,选择固定的合同模板,可使得跨境数据监管实现集中、高效管理。另一方面,积极参与美国主导的跨境数据流动框架,接受美国的数据保护方案。美国积极推行 APEC 框架下的 CBPR 体系,跨境隐私保护规则的实质是强制各加入国家在个人数据跨境流动时放弃坚持数据在国内享有的高保护水平,转而认同美国较低的保护水平。在美国的积极争取下,加拿大、日本、韩国、新加坡、澳大利亚等亚太国家已经申请通过了跨境隐私保护规则机制。

4. 印度、俄罗斯、巴西等多数发展中国家:侧重数据本地化策略,并试图探索数据自由流动新出路

发展中国家由于缺乏强有力的数据引流能力,如果放开管制,反而可能导致数据大规模向发达经济体输出,进一步削弱竞争力,国家安全也将受到威胁。总体来看,各发展中国家主要的数据本地化要求包括在本地建设数据中心,实现本地化处理和存储数据,最低要求在境内实现特定数据的容灾备份等。例如,俄罗斯 2015 年生效的《联邦个人数据法》修正案提出了严格的数据本地化存储要求——要求必须使用俄罗斯服务器来处理俄罗斯公民的个人数据,处理这些数据的服务器运营商必须及时将存储数据的服务器位置在俄联邦电信、数字技术和大众传媒监督局备案;巴西 2013 年也开始制定相关政策,要求互联网公司在巴西境内建立数据中心,并于 2018 年出台了《通用数据保护法》,对数据跨境流动提出了新要求;越南在 2013 年颁布法规,要求谷歌、Facebook 等所有互联网服务提供者在越南境内至少建设一个数据中心;印度要求企业将部分 IT 基础设施放在境内,要求存储的公民个人信息、政府信息和公司信息不得转移至境外。

但是,近年来,随着数字经济的蓬勃发展和发展中国家综合实力的进步,越来越多的发展中国家意识到数字经济的价值,采取多种措施在保障国家安全的前提下,支持数据有限制地自由流动,以发挥数据的价值。在跨境数据流动的政策选择上,也开始借鉴欧美经验,趋向于向欧美靠拢。欧盟的 GDPR 对其他国家或地区的数据流动与保护规则的设定产生了重要影响,如巴西于 2019 年 6 月通过的新的《通用数据保护法》就遵循了与欧盟 GDPR 类似的原则,列出了个人数据可传输的各种情况。印度的个人数据保护立法草案也在 GDPR 规则的基础上,提出了更严格的数据转移要求;俄罗斯虽然强调的是数据本地化存储

原则,但是也通过学习欧盟的数据跨境安全技术,来实现跨境数据传输。同时,这些国家积极参与美国主导的跨境数据流动多边框架。

(二)全球格局分布

经过多年的发展,全球逐步形成欧盟、北美、亚太地区三大跨境数据流动圈。这"三大流动圈"中,以欧盟流动圈最为稳固。欧盟以地缘政治作为强有力的保障,一体化推进跨境数据流动法规建设,旨在消除各国之间的数据传输壁垒,在欧盟内部各国建立了完全的信任机制,也为欧盟数据传输到境外提供了高水平保护。北美流动圈也相对稳定,主要成员为美国、加拿大、墨西哥,其中美国拥有绝对的主导权。亚太地区流动圈是形势最复杂、最不稳定的流动圈。随着数字经济发展的制高点从环大西洋地区逐步转向了环太平洋地区,亚太地区跨境数据流动的治理主导权成为竞争的焦点。然而,跨境数据流动的全球格局并不是一成不变的。随着《隐私盾协议》破裂、英国脱欧等重大国际事件的发生,全球跨境数据流动的博弈在维持三大圈总体格局的基础上,面临着欧盟与美国自由数据流动通道被切断、亚太地区流动圈与欧盟地区流动圈趋向融合等新的趋势,全球跨境数据流动格局迎来既割裂又融合的新走向。

本章所述的主要国家跨境数据流动法律法规如表4-1所示。

表4-1 主要国家跨境数据流动法律法规

国家/地区	法规名称	出台时间	关于跨境数据流动监管的主要内容
欧盟	《108号公约》	1981年	不应仅因为保护隐私而禁止或限制个人数据跨境流动
	《数据保护指令》	1995年	具备法律约束力。在向欧盟区域外国家转移数据方面,引入"充分性数据保护"原则
	《通用数据保护条例》	2016年	在欧盟范围内施行单套规则,沿用"充分性数据保护"原则,在执法方面引入"一站式服务机制"
	《非个人数据在欧盟境内自由流动框架条例》	2018年	确保非个人数据的跨境自由流动,为数据存储和处理设置了框架

续表

国家/地区	法规名称	出台时间	关于跨境数据流动监管的主要内容
美国	《澄清境外数据合法使用法》	2018年	提高了美国执法机构对境外存储数据的执法权限，将美国对跨境数据流动的司法管辖权由"数据所在地"更改为"数据控制者所在地"
英国	《新数据保护法案》	2017年	助力数字贸易发展，推动数据在英国与其他国家之间自由跨境流动；确保数据安全，促进各国监管机构之间的数据共享和数据保护合作
俄罗斯	《信息、信息技术和信息保护法》	2006年	明确规定信息拥有者、信息系统运营者需要承担的信息保护义务
俄罗斯	《联邦个人数据法》	2006年	2014年，俄罗斯"第242-FZ修正案"增补了《联邦个人数据法》中关于个人数据处理的监管要求，提出俄罗斯公民个人数据本地化存储要求
俄罗斯	《主权互联网法案》	2019年	加大对数据的保护力度，努力实现互联网和本国数据自主可控
日本	《个人信息保护法》	2015年修订	新修订法案规定了向境外转移个人数据的三种合法方法：①事先征得个人同意；②转移的目的国是个人信息保护委员会认可的具有和日本同样保护水平的国家（白名单国家）；③接收数据的海外企业依照个人信息保护委员会的要求建立了保护数据的完善体系，能够为数据提供有效保护。就境外个人信息处理，新修订法案同时引入了相关限制措施
新加坡	《个人数据保护法（修订）草案》	2020年	强化个人对其数据享有的权利。新的"数据可携带义务"将赋予个人对其数据更强的选择和控制力，防止个人被锁定到一种服务中，确保个人可以切换到新服务中。此外，还将增加处罚力度，提高PDPC的执行力
韩国	《个人信息保护法》	2011年	综合性立法，多次修订。内容涵盖个人信息保护政策的制定、个人信息的处理、个人信息的安全管理、信息主体的权利保障等方面，明确数据跨境流动的多种渠道，扩大跨境数据流动的合法途径
印度	《公共记录法》	1993年	规定除"公共目的"外，禁止公共记录向印度境外传输
印度	《国家数据共享与开放政策》	2012年	要求政府数据必须存储在本地数据中心

续表

国家/地区	法规名称	出台时间	关于跨境数据流动监管的主要内容
印度	《公司（账户）条例》	2014年	要求将主要存储地为海外的财务信息备份在印度
	《电子药房规则草案》	2018年	该草案规定，电子药店的所有者应对其收集的处方信息和用户信息进行保密，不得违法披露。通过电子药房门户网站生成的数据均需在印度本地维护，不得以任何方式向印度境外传输或在印度境外存储
	《印度电子商务：国家政策框架草案2018》	2018年	该草案列出了五种不受数据本地化或跨境规则限制的数据，包括：①不在印度收集的数据；②印度境内企业基于合同所需向境外以B2B模式传输的数据；③与软件和云计算服务相关的技术数据；④跨国企业基于内部系统所需跨境传输的数据；⑤符合规定标准的初创企业的数据传输。此外，该草案还规定：①物联网设备在公共空间收集的团体数据（Community Data）；②电子商务平台、社交媒体、搜索引擎等产生的数据仅能在印度境内存储
	《个人数据保护法草案》	2019年	该法案引入了域外管辖权、数据可携权、被遗忘权等新权利，隐私影响评估、通过设计保护隐私等新机制，增强印度的个人数据保护水平。其中，法案第八章专门对个人数据的跨境传输加以规范
菲律宾	《数据隐私法案2012》	2012年	在个人信息控制者确保遵守法律的前提下，允许国际数据从菲律宾向境外流动
马来西亚	《个人数据保护法令2010》	2010年	要求数据使用者不得将个人数据传输到马来西亚境外，以下四种情况除外：一是已取得数据主体同意；二是为了履行数据主体和数据使用者之间的合同而进行的必要数据传输；三是数据使用者已采取一切必要措施，确保数据传输过程完全符合相关规定；四是为维护数据主体的合法利益而进行的必要数据传输
越南	《网络安全法》	2018年	在越南网络空间提供电信网、互联网服务的企业，在采集、分析和处理个人数据时，必须在政府规定的时间内在越南境内存档。相关外国企业必须在越南设立分支机构或代表处，向境外提供相关数据信息前，需要经过越南相关部门评估审批

续表

国家/地区	法规名称	出台时间	关于跨境数据流动监管的主要内容
泰国	《个人数据保护法案》	2019年	该法案规定了数据流动到境外的准则，数据流动的目的地国家或机构必须有充足的个人数据保护标准，具体操作按个人数据保护委员会公告执行。法案中有关适当性要求具有四个例外情况：①已获得数据主体的转让同意；②使用特定的法定豁免；③接收组织提供适当的保护措施来实现数据主体的权利；④接收组织已经制定了适用于海外数据传输的"个人数据保护政策"。这些例外情况表明，从泰国向境外转移数据的主体可以利用超出适当性的几种转移机制
加拿大	《隐私权法》	1983年	主要对联邦政府收集、使用和披露个人信息的行为进行规范
	《个人信息保护和电子文件法》	2000年	更好地规范个人信息的采集、使用和披露，对接国际社会高水平的数据保护规范
	《2020年数字宪章实施法案》	2020年	对严重违法处理个人信息的企业，可处其上一年度营业额的5%或2500万加元（约合人民币1.3亿元）的罚款，两者中取其高
澳大利亚	《个人控制电子健康记录法》	2012年	规定个人健康数据的跨境流动在一般情况下是被禁止的。该法案第74条规定禁止个人健康数据向澳大利亚以外地区传输；然而该法案也规定了个人健康数据可以进行跨境流动和加工处理的特殊情况，即跨境流动的信息不包括可识别个人身份的数据，或者该信息的所属者未在健康记录系统中
	《隐私法案》	2014年修订	修订稿引入了澳大利亚"隐私原则"（APP原则）和"隐私原则实体"（APP实体）的概念，明确了联邦机构收集和处理"个人信息"的标准。APP原则构成了个人信息隐私行为准则。要求APP实体应当确保海外接收方按照隐私原则处理个人信息，并在海外接收方信息处理不当时，由APP实体承担相应责任。当APP实体向海外接收方披露个人信息时，该实体必须采取"合理步骤"以确保遵循APP原则。APP原则清楚定义了APP实体何时适合传输数据及允许传输哪些数据

续表

国家/地区	法规名称	出台时间	关于跨境数据流动监管的主要内容
巴西	《通用数据保护法》	2018年	在确保个人数据安全和国家安全的前提下,允许数据向达到充分保护水平的国家或地区流动。主要规范个人数据处理有关事项,对个人数据进行分类分级管理,个人数据跨境转移采取"充分性认定"原则
墨西哥	《数据保护法》	2010年	如果数据控制者打算将个人数据传输给数据处理者以外的国内或国外第三方,则必须向第三方提供数据主体的隐私声明及数据主体限制数据处理的目的。与此同时,跨境数据在传输时,数据处理必须与隐私声明中约定的内容一致,隐私声明中应包含表明数据主体是否同意传输其数据的条款。第三方接收者承担与传输数据的数据控制者相同的义务

本章参考文献

[1] 姚旭. 欧盟跨境数据流动治理——平衡自由流动与规制保护[M]. 上海:上海人民出版社,2019.

[2] 田晓萍. 贸易壁垒视角下的欧盟《一般数据保护条例》[J]. 政法论丛,2019(4):123-135.

[3] 朱作鑫. 大数据视野下的政府信息公开制度建设[J]. 中国发展观察,2015,9:86-89.

[4] Elliott C. Accessing Personal Information under the Freedom of Information and Protection of Privacy Act of British Columbia[D]. Victoria: University of Victoria, 2008.

[5] 刘少军. 保密与泄密:我国律师保密制度的完善——以"吹哨者运动"下的美国律师保密伦理危机为视角[J]. 法学杂志,2019,40(2):102-114.

[6] 戚鲁江. 美国国会网络安全立法探析[J]. 公民导刊,2016,2:56-57.

[7] 马玉红. 美国政府首席信息官制度的特色与启示[J]. 情报资料工作,2012,2:109-112.

[8] 张静雯. 数据主权的国际法规制研究[D]. 呼和浩特：内蒙古大学，2018.

[9] 肖志宏，赵冬. 美国保障信息安全的法律制度及借鉴[J]. 中国人民公安大学学报（社会科学版），2007，5：54-63.

[10] 车珍. 美国关键基础设施保护体系研究[J]. 金融电子化，2016，5：82-83.

[11] 蔡士林. 美国国土安全事务中的情报融合[J]. 情报杂志，2019，38（1）：8-12，18.

[12] 迟立国，孙映. 它山之石可以攻玉——透析美国《信息网络安全研究与发展法》，谈信息网络安全体系建设[J]. 信息网络安全，2005，4：51-53.

[13] 许鑫. 西方国家网络治理经验及对我国的启示[J]. 电子政务，2018，12：45-53.

[14] 张慧敏. 国外全民网络安全意识教育综述[J]. 信息系统工程，2012，1：77-80.

[15] 佚名. 国外网络安全立法对我国的启示[J]. 中国防伪报道，2016，8：54-59.

[16] 洪延青. 美国快速通过 CLOUD 法案明确数据主权战略[J]. 中国信息安全，2018，4：33-35.

[17] 白洁，苏庆义.《美墨加协定》：特征、影响及中国应对[J]. 国际经济评论，2020，6：123-138.

[18] 李章程，王铭. 英国电子政务建设进程概述[J]. 档案与建设，2004（3）：38-43.

[19] 何波. 英国新数据保护法案介绍与评析[J]. 中国电信业，2017（11）：74-75.

[20] 卡佳. 俄罗斯个人信息保护法立法现状以及对中国的启示[D]. 北京：北京邮电大学，2018.

[21] 何波. 俄罗斯跨境数据流动立法规则与执法实践[J]. 大数据，2016，2（6）：129-134.

[22] 张光政. 增强自主管理本国信息空间能力——俄罗斯着力打造"主权互联网"[N]. 人民日报，2020-08-19（16）.

[23] 方禹. 日本个人信息保护法（2017）解读[J]. 中国信息安全，2019，5：81-83.

[24] 王念. 新加坡数据跨境流动管理的经验与启示[J]. 财经智库，2020，5(4)：104-113.

[25] 康贞花. 韩国《个人信息保护法》的主要特色及对中国的立法启示[J]. 延边大学学报（社会科学版），2012（4）：68-74.

[26] 姚旭. 跨境数据流动治理中的韩国路径与欧盟路径[J]. 韩国研究论丛，2017（2）：13.

[27] 张茉楠. 跨境数据流动：全球态势与中国对策[J]. 开放导报，2020（2）：44-50.

[28] 胡文华，孔华锋. 印度数据本地化与跨境流动立法实践研究[J]. 计算机应用与软件，2019，36（8）：306-310.

[29] 林芮. 马来西亚再曝个人信息泄露案[N]. 人民日报，2018-01-29（21）.

[30] 洪昇. 浅析越南数据本地化储存的立法必要性和启示意义[J]. 信息安全与通信保密，2019（7）：52-60.

[31] 王道征，胡菊. 越南特色的网络安全治理实践——越南《网络安全法》观察[J]. 情报杂志，2019，38（2）：109-113，204.

[32] 刘典. 全球数字贸易的格局演进、发展趋势与中国应对——基于跨境数据流动规制的视角[J]. 学术论坛，2021，44（1）：95-104.

[33] 黄鹂. 澳大利亚个人数据跨境流动监管经验及启示[J]. 征信，2019（11）：72-76.

[34] 孙方江. 跨境数据流动：数字经济下的全球博弈与中国选择[J]. 西南金融，2020（1）：11.

[35] 时业伟. 跨境数据流动中的国际贸易规则：规制、兼容与发展[J]. 比较法研究，2020（4）：173-184.

[36] 洪延青. 推进"一带一路"数据跨境流动的中国方案——以美欧范式为背景的展开[J]. 中国法律评论，2021（2）：30-42.

[37] 相丽玲，张佳. 中外跨境数据流动的法律监管制度研究[J]. 情报理论与实践，2021，44（4）：74-78，49.

[38] 李芳,程如烟. 主要国家数字空间治理实践及中国应对建议[J]. 全球科技经济瞭望,2020,35(6):32-40.

[39] 王娜,顾绵雪,伍高飞,等. 跨境数据流动的现状、分析与展望[J]. 信息安全研究,2021,7(6):488-495.

第五章
我国跨境数据流动的治理现状和挑战

随着互联网的普及和国际化发展，数据已成为全球经济发展、国家安全领域非常重要的战略要素，数据跨境流动日趋频繁和常见，其所承载的信息价值成为经济全球化、国际贸易繁荣发展、产业加速发展的关键生产要素。与此同时，个人数据的跨境流动也对个人隐私、数据安全，甚至国家安全和社会发展带来了巨大的挑战。国家主权和安全原则已成为当前全球数据跨境流动的基础，各国都希望在保障本国国家安全的前提下，从数字经济的发展中获取的利益最大化。近年来，我国在个人数据治理方面面临多种困难。

2020年9月4日，国家主席习近平在第三届中国国际进口博览会开幕式上发表主旨演讲表示："中国将继续通过进博会等开放平台，支持各国企业拓展中国商机。中国将挖掘外贸增长潜力，为推动国际贸易增长、世界经济发展作出积极贡献。中国将推动跨境电商等新业态新模式加快发展，培育外贸新动能。中国将压缩《中国禁止进口限制进口技术目录》，为技术要素跨境自由流动创造良好环境。"

当前，我国国际贸易体量和范围正快速地增长和扩大，但美国、欧盟等国家与地区纷纷以"个人数据安全"为由，实施所谓"长臂管辖"，对我国跨国企业，如微信、抖音等发难。目前，我国在个人数据跨境流动方面的治理仍存在法律法规顶层设计尚不够完善、治理目标不明、国际参与度不高、企业自律不严等多方面的挑战。面对国际上其他国家和地区对我国企业的制约，如何保护我国及其企业的海外利益和海外发展，维护国家安全利益，成为我国不得不深入研究、加紧落实的重要课题。

一、制度约束框架：法律法规

我国的数字经济发展较为发达。中国信息通信研究院在 2021 年 4 月举办的第四届数字中国建设峰会上发布的《中国数字经济发展白皮书（2021 年）》显示，2020 年我国数字经济规模达到 39.2 万亿元，占 GDP 的比重为 38.6%；数字经济增速达到 GDP 增速的 3 倍以上，我国数字经济总量规模和增长速度位居世界前列。目前，我国在跨境数据流动方面的立法处于起始阶段，对跨境数据流动的具体监管规制显得较为零散，多分散在各种层级的法律法规、部门规章等规范性文件，以及相关国家标准和行业标准中，虽尚未形成完整的个人数据跨境流动规制体系，但已形成了一套一般数据安全评估、重要数据限制出口的框架体系。在探讨分析跨境数据流动法律规制的必要性基础之上，本章根据法律文件的位阶属性，自上而下地对跨境数据流动领域的法律法规、部门规章、国家标准和行业标准进行了梳理和分析。

（一）法律规制原则

不同领域有不同的特点，其对应的法律主体、客体和内容都有其特殊性，对应的法律法规都有其基本的规律和原则。跨境数据流动相对来说更为复杂，所对应的法律规制原则也更为特殊。本章从宏观和微观两个角度探索我国跨境数据流动的法律规制原则。

1. 宏观方面

总体来说，可通过数据的特点总结出四大基本原则：一是数据主权原则；二是数据价值体现原则；三是数据自由流动原则；四是数据充分共享原则。

1）数据主权原则

美国著名政治学者小约瑟夫·奈在《理解国际冲突：理论与历史》一书中指出，一场信息革命正在改变世界政治，处于信息技术领先地位的国家可攫取更大的权力，相应地，信息技术相对落后的国家则会失去很多权力。

跨境数据流动：全球治理趋势与我国规制策略

数据跨境流动不仅仅是传统上个人隐私保护的问题，还牵涉商业层面企业之间跨境贸易和企业"走出去"的问题，而数据流通的基础规则，在很大程度上决定了国际贸易的规则，它也必然涉及国家的数据安全和国家主权。

目前，国际社会对跨境数据流动并未形成统一的界定和规范。不同国家根据本国的利益和需求，对跨境数据流动采取了不同的态度。从国际组织和其他国家对跨境数据流动的治理来看，主要范围包括：一种是跨越国界的数据传输和处理；另一种是未跨越国界，但可以被第三国的主体访问的数据。无论是哪一个角度，总体原则是一致的：都体现了数据主权的原则，要求数据在国外主体处获得的保护程度不应低于在本国国内保护的程度。

数据主权是在网络空间中的国家主权，体现了国家控制数据权的主体地位。从概念上看，数据主权是一个国家对本国数据进行管理和利用的独立自主性权利，有不受他国干涉和侵扰的自由权，包括所有权和管辖权两个方面。从特征角度来看，数据主权最重要的特征就是独立性，体现了国家主权的独立自主性，可排除任何他国的干涉，保护本国数据不受他国侵害的安全性和稳定性。

2020年9月8日，国务委员兼外交部部长王毅在"抓住数字机遇，共谋合作发展"国际研讨会高级别会议上发表了题为《坚守多边主义 倡导公平正义 携手合作共赢》的主旨讲话，提出了《全球数据安全倡议》，呼吁各国应尊重他国主权、司法管辖权和对数据的安全管理权，未经他国法律允许不得直接向企业或个人调取位于他国的数据。各国如因打击犯罪等执法需要跨境调取数据，应通过司法协助渠道或其他相关多双边协议解决。国家间缔结跨境调取数据双边协议，不得侵犯第三国司法主权和数据安全。

2）数据价值体现原则

不管你愿不愿意，我们每天都在创造和分享着数据；不管你在意与否，我们都已经生活在大数据的社会环境之中。随着移动互联网的深入普及和国际化程度的不断拓展，全球经济早已步入互联网经济时代的轨道，数据尤其是大数据在经济中的价值更加凸显。

维克托·迈尔·舍恩伯格和肯尼斯·库克联合编写的《大数据时代》一书中指出，大数据具有"5V"特征，即大量（Volume）、高速（Velocity）、多样（Variety）、低价值密度（Value）和准确（Veracity）。在"5V"特征中，无论是大量、高速、多样还是真实，最终目的都是指向"价值"。价值可以说是大数据最重要、最核心、最关键的特征，也是核心功能"预测"的最终归属。加强数据跨境流动监管和规制，既是为了保护数据价值，更是为了促进数据价值被安全、有序地挖掘和利用。

3）数据自由流动原则

跨境数据流动，顾名思义是指数据在不同国家或地区之间的流动。随着经济的国际化程度越来越高，数字经济在整个经济体量中的占比也越来越高，数据的跨境流动也随之日趋频繁和普遍。数据的传输与交换是数据流动的重要表现形式，我国跨境数据流动相关法规，也是为了确保数据在符合国家安全、国家主权和国家利益、保护个人隐私等多重条件下，推动相关数据的自由流动。

为什么要坚持跨境数据自由流动原则？可以从跨境数据自由流动取得的效果的角度来讨论。跨境数据自由流动可以降低企业的商业成本，从而提高互联网企业，尤其是中小型企业的交易能力，提升其在激烈的国际经济竞争环境中的综合实力。不仅如此，跨境数据自由流动还能提升国际交易的便利程度，降低企业因地理位置条件限制带来的不利影响而无法获得数据利益的概率。跨境数据自由流动有助于促进信息的交流与共享。当前是信息时代、数据时代、互联网时代，受益于网络的互联互通，世界因此被称作"地球村"。确保跨境数据自由流动，可以大大促进国内国际双循环格局的信息交流与共享，推动全球数据流动进入良性状态。

4）数据充分共享原则

数据的充分共享实际上是对数据自由流动的进一步阐述。跨境数据自由流动的最终目的是什么？就是为了促进数据在境内和境外的充分共享，确保企业可以不受地理位置的限制而充分地处理和使用数据，从而获得数据价值和利益。

跨境数据的充分共享，可以最大化地挖掘数据的真实价值，促进经济发展，维护国家网络安全。首先，数据除对国家的经济效益和公共利益影响巨大外，还将影响全球经济增长贡献率的比重。数据全球化不仅涵盖商品、服务、资本和人才等领域，还涵盖经济发展的其他各个方面。数据只有流动起来才能促进数字经济红利的充分释放。跨境数据共享可以推动跨境数据的自由流动，帮助我国企业走出国门、走向国际，同时将国外优秀的企业引入国内，促进本国企业的改革和创新，这既可以提升本国技术和经济的发展水平，又可以推动全球经济的发展。其次，数据共享的价值还体现在网络安全方面。当前，国际上有关网络威胁情报的共享机制越来越丰富，既有国内的威胁情报共享机制，也创建了遍布全球多数地区的国际化威胁情报分享平台等数据共享机制。通过网络威胁情报数据的充分共享，可以最大限度地打击网络攻击，减少网络威胁可能造成的破坏，保障国家安全。

2. 微观方面

从微观的角度，可以细化到我国不同法律法规、规章和制度等对跨境数据流动的规制条款。总结来看，可归纳出以下七个方面的原则：告知原则、同意原则、本地化存储原则、目的限定原则、重要数据出境审批原则、分类分级保护原则、对等反制原则。

1）告知原则

当下，我国关于跨境数据流动的法律法规文件数量不多，正在逐步构建和完善中。我国法律规制中的"告知原则"类似于国际上其他国家或地区，如欧盟《隐私盾协议》（*EU-US Privacy Shield*）的"通知原则"。2021年8月20日，《个人信息保护法》由中华人民共和国第十三届全国人民代表大会常务委员会第三十次会议通过，首次在法律层面构建了相对全面的个人信息跨境流动制度。《个人信息保护法》第3条规定了境外处理个人信息的适用本法的范围，规定"在中华人民共和国境外处理中华人民共和国境内自然人个人信息的活动，有下列情形之一的，也适用本法：（一）以向境内自然人提供产品或者服务为目的；（二）分析、评估境内自然人的行为；（三）法律、行政法规规定的其他情形。"不仅如此，《个人信息保护法》还在第三章"个人信息跨境提供的规则"中的第39条规定，"个人信息处理者向中华人民共和国境外提供个人信息的，应当向个人告知境外接收方的名称或者姓名、联系方式、处理目的、处理方式、个人信息的种类以及个人向境外接收方行使本法规定权利的方式和程序等事项，并取得个人的单独同意。"《个人信息保护法》从个人信息跨境的适用范围和情况、告知内容等角度对个人信息跨境传输作出了明确的规定，体现了重要的告知原则。

2）同意原则

当前,"同意"已成为个人数据处理的必备条件,并在我国多个法律文件中有所体现。例如,我国《数据安全管理办法(征求意见稿)》第三章"数据处理使用"部分第 27 条规定,"网络运营者向他人提供个人信息前,应当评估可能带来的安全风险,并征得个人信息主体同意。"第 22 条规定,"网络运营者不得违反收集使用规则使用个人信息。因业务需要,确需扩大个人信息使用范围的,应当征得个人信息主体同意。"第 28 条规定,"网络运营者发布、共享、交易或向境外提供重要数据前,应当评估可能带来的安全风险,并报经行业主管监管部门同意;行业主管监管部门不明确的,应经省级网信部门批准。向境外提供个人信息按有关规定执行。"不仅如此,《个人信息保护法》在第二章"个人信息处理规则"部分,从第 13 条至第 16 条,分别从个人信息处理者处理个人信息、"撤回同意"等多个角度,规定了信息处理的"同意"要求。

3）本地化存储原则

本地化存储是国际上有关跨境数据流动的基本原则,也是跨境数据流动监管和治理的大趋势和大方向。本地化存储既是国家数据主权的重要体现和要求,也是确保数据安全的重要举措。目前,在数据主权原则的指导下,在我国有关跨境数据流动的法律法规文件中,本地化存储成为一项重要的条款要求。

《网络安全法》第三章"网络运行安全"第 37 条规定,"关键信息基础设施的运营者在中华人民共和国境内运营中收集和产生的个人信息和重要数据应当在境内存储。"《个人信息保护法》第二章"个人信息处理规则"第三节"国家机关处理个人信息的特别规定"第 36 条规定,"国家机关处理的个人信息应当在中华人民共和国境内存储;确需向境外提供的,应当进行安全评估。安全评估可以要求有关部门提供支持与协助。"另外,第三章"个人信息跨境提供的规则"第 40 条规定,"关键信息基础设施运营者和处理个人信息达到国家网信部门规定数量的个人信息处理者,应当将在中华人民共和国境内收集和产生的个人信息存储在境内。确需向境外提供的,应当通过国家网信部门组织的安全评估;法律、行政法规和国家网信部门规定可以不进行安全评估的,从其规定。"此外,2020 年,我国提出《全球数据安全倡议》,呼吁各国应要求企业严格遵守所在国法律,不得要求本国企业将境外产生、获取的数据存储在本国境内。

4）目的限定原则

整合同类主题、相互关联的数据，形成满足各种分析目的的数据集，通过大数据分析等技术从中挖掘知识，找寻关联，开展预测，作出智能化决策，支撑人类各项活动的开展，是数据的生产要素价值所在。

《民法典》第六章"隐私权和个人信息保护"第 1035 条规定，"处理个人信息的，应当遵循合法、正当、必要原则，不得过度处理，并符合下列条件：（一）征得该自然人或者其监护人同意，但是法律、行政法规另有规定的除外；（二）公开处理信息的规则；（三）明示处理信息的目的、方式和范围；（四）不违反法律、行政法规的规定和双方的约定。个人信息的处理包括个人信息的收集、存储、使用、加工、传输、提供、公开等。"《网络安全法》第四章"网络信息安全"第 41 条第 1 款规定，"网络运营者收集、使用个人信息，应当遵循合法、正当、必要的原则，公开收集、使用规则，明示收集、使用信息的目的、方式和范围，并经被收集者同意。"《数据安全法》第四章"数据安全保护义务"第 32 条规定，"法律、行政法规对收集、使用数据的目的、范围有规定的，应当在法律、行政法规规定的目的和范围内收集、使用数据。"《数据安全管理办法（征求意见稿）》第二章"数据收集"第 8 条规定，"收集使用规则应当明确具体、简单通俗、易于访问，突出以下内容：（一）网络运营者基本信息；（二）网络运营者主要负责人、数据安全责任人的姓名及联系方式；（三）收集使用个人信息的目的、种类、数量、频度、方式、范围等；（四）个人信息保存地点、期限及到期后的处理方式；（五）向他人提供个人信息的规则，如果向他人提供的；（六）个人信息安全保护策略等相关信息；（七）个人信息主体撤销同意，以及查询、更正、删除个人信息的途径和方法；（八）投诉、举报渠道和方法等；（九）法律、行政法规规定的其他内容。"《个人信息保护法》第一章"总则"第 6 条第 1 款规定，"处理个人信息应当具有明确、合理的目的，并应当与处理目的直接相关，采取对个人权益影响最小的方式。"同时，第二章"个人信息处理规则"第 17 条强调，"个人信息处理者在处理个人信息前，应当以显著方式、清晰易懂的语言真实、准确、完整地向个人告知下列事项：（一）个人信息处理者的名称或者姓名和联系方式；（二）个人信息的处理目的、处理方式，处理的个人信息种类、保存期限；（三）个人行使本法规定权利的方式和程序；（四）法律、行政法规规定应当告知的其他事项。"在第 20 条、第 21 条、第 22 条、第 23 条再次强调了"目的限定"的要求。此外，在第三章"个人信息跨境提供的规则"第 39 条规定，"个人信息处理者向中华人民共和国境外提供个人信息的，应当向个人告知境外接收方的名称或者姓名、联系方式、处理目的、处理方式、个人信息的种类以及个人向境外接收方行使本法规定权利的方式和程序等事项，并取得个人的单独同意。"这可以说是对跨境数据流动"目的限定原则"最直接的规定。

5) 重要数据出境审批原则

数据时代的数据不仅具有"数字红利"价值，还具有个人信息安全、国家安全属性，尤其是涉及关键基础设施等重要国家基础设施的重要数据，其安全意义更为显著。2010 年，伊朗核设施遭受"震网病毒"的网络攻击，导致铀浓缩设备被破坏掉，致使伊朗核计划被延迟了很长时间。2019 年 3 月，委内瑞拉国家电网干线因遭受攻击，造成全国大面积停电，创该国自 2012 年以来停电时间最长、影响范围最广的新纪录。近年来，多起网络攻击事件导致国家关键基础设施安全遭受严重威胁，损害国家利益事件频发，这为国际社会加大关键基础设施安全保护敲响了警钟，同时也助推了跨境数据流动治理中的重要数据出境审批原则的落实。据多家网络安全公司的预警显示，曾入侵多国核设施的"震网病毒"已侵入我国，对我国网络安全提出了重大挑战。

在我国现有的多个法律文件中，都提到了"重要数据出境审批原则"。《个人信息保护法》第三章"个人信息跨境提供的规则"第 40 条规定，"关键信息基础设施运营者和处理个人信息达到国家网信部门规定数量的个人信息处理者确需向境外提供的，应当通过国家网信部门组织的安全评估；法律、行政法规和国家网信部门规定可以不进行安全评估的，从其规定。"第 41 条规定，"中华人民共和国主管机关根据有关法律和中华人民共和国缔结或者参加的国际条约、协定，或者按照平等互惠原则，处理外国司法或者执法机构关于提供存储于境内个人信息的请求。非经中华人民共和国主管机关批准，个人信息处理者不得向外国司法或执法机构提供存储于中华人民共和国境内的个人信息。"《数据安全法》第三章"数据安全制度"第 24 条规定，"国家建立数据安全审查制度，对影响或者可能影响国家安全的数据处理活动进行国家安全审查。"第四章"数据安全保护义务"第 31 条规定，"关键信息基础设施的运营者在中华人民共和国境内运营中收集和产生的重要数据的出境安全管理,适用《中华人民共和国网络安全法》的规定;其他数据处理者在中华人民共和国境内运营中收集和产生的重要数据的出境安全管理办法,由国家网信部门会同国务院有关部门制定。"第36条规定,"非经中华人民共和国主管机关批准,境内的组织、个人不得向外国司法或者执法机构提供存储于中华人民共和国境内的数据。"第六章"法律责任"第46条规定,"违反本法第31条规定,向境外提供重要数据的,由有关主管部门责令改正,给予警告,可以并处十万元以上一百万元以下罚款,对直接负责的主管人员和其他直接责任人员可以处一万元以上十万元以下罚款;情节严重的,处一百万元以上一千万元以下罚款,并可以责令暂停相关业务、停业整顿、吊销相关业务许可证或者吊销营业执照,对直接负责的主管人员和其他直接责任人员处十万元以上一百万元以下罚款。"《网络安全法》第三章"网络运行安全"第37条规定,"关键信息基础设施的运营者确因需要向境外提供境内信息的,应当按照国家网信部门会同国务院有关部门制定的办法进行安全评估;法律、行政法规另有规定的,依照其规定"。2020年10月17日通过的《出口管制法》承接这一立法精神,明确规定管制物项包括物项相关的技术资料等数据。

6) 分类分级保护原则

目前,国际上对数据跨境流动的监管,普遍采取分类分级保护的原则,我国也不例外。无论是《网络安全法》还是《数据安全法》,或是各种办法、指南,都对"关键重要数据"给予了极大的关注,并设置了从识别、评估、审批到共享和利用等多个角度的全方位规范条款。值得注意的是,从重要性程度来说,数据既包括重要数据,也包括一般数据。从数据属性来说,数据既包括个人信息数据,也包括工业运行数据、物联网设备数据和军事数据等。因此,在数据跨境流动监管的立法原则中,有必要针对类型不同、重要性不同等差异性,实施数据分类分级管理。

《数据安全法》第三章"数据安全制度"第21条第1款和第3款分别规定,"国家建立数据分类分级保护制度,根据数据在经济社会发展中的重要程度,以及一旦遭到篡改、破坏、泄露或者非法获取、非法利用,对国家安全、公共利益或者个人、组织合法权益造成的危害程度,对数据实行分类分级保护。国家数据安全工作协调机制统筹协调有关部门制定重要数据目录，加强对重要数据的保护。""各地区、各部门应当按照数据分类分级保护制度，确定本地区、本部门以及相关行业、领域的重要数据具体目录，对列入目录的数据进行重点保护。"《科学数据管理办法》第一章"总则"第 4 条规定，"科学数据管理遵循分级管理、安全可控、充分利用的原则，明确责任主体，加强能力建设，促进开放共享。"第二章"职责"第 10 条规定，"科学数据中心是促进科学数据开放共享的重要载体，由主管部门委托有条件的法人单位建立，主要职责包括（一）承担相关领域科学数据的整合汇交工作；（二）负责科学数据的分级分类、加工整理和分析挖掘；（三）保障科学数据安全，依法依规推动科学数据开放共享；（四）加强国内外科学数据方面交流与合作。"第四章"共享与利用"第 20 条规定，"法人单位要对科学数据进行分级分类，明确科学数据的密级和保密期限、开放条件、开放对象和审核程序等，按要求公布科学数据开放目录，通过在线下载、离线共享或定制服务等方式向社会开放共享。"此外，《证券基金经营机构信息技术管理办法》第 30 条也规定，"证券基金经营机构应当将经营及客户数据按照重要性和敏感性进行分类分级，并根据不同类别和级别作出差异化数据管理制度安排。"2021 年通过的《深圳经济特区数据条例》第五章"数据安全"第 72 条规定，"数据处理者应当依照法律、法规规定，建立健全数据分类分级、风险监测、安全评估、安全教育等安全管理制度，落实保障措施，不断提升技术手段，确保数据安全。"第 74 条规定，"市网信部门应当统筹协调相关主管部门和行业主管部门按照国家数据分类分级保护制度制定本部门、本行业的重要数据具体目录，对列入目录的数据进行重点保护。"

7）对等反制原则

自 2018 年以来，我国高科技企业中兴、华为、海康威视、腾讯、抖音等先后遭受美国及欧盟国家的"围追堵截"，一方面阻碍我国 5G 技术的国际化进程，阻拦我国 5G 技术国际话语权和领先地位的获得与巩固；另一方面打击我国影响力大的社交媒体软件向国际市场的拓展，阻碍我国企业"走出去"。美国和欧盟等国家采取的法律诉讼、经济和贸易制裁、技术封锁等制裁手段中，主要理由包括"威胁国家安全""数据安全""个人隐私"等。随着移动互联网的不断普及和发展，6G、卫星互联网、量子计算、人工智能等更多新兴技术不断涌现和发展，但其核心都离不开"数据"这一关键术语。

欧美等国家或地区对我国科技企业的围堵让我国意识到了国际上"长臂管辖"带来的巨大阻力和麻烦。因此，为应对此类风险，保护我国企业和国家利益，我国在后续出台的法律规章等规范性文件中，逐步提出了"对等反制"的需求和原则。例如，《网络安全法》第六章"法律责任"第75条规定，"境外的机构、组织、个人从事攻击、侵入、干扰、破坏等危害中华人民共和国的关键信息基础设施的活动，造成严重后果的，依法追究法律责任；国务院公安部门和有关部门并可以决定对该机构、组织、个人采取冻结财产或者其他必要的制裁措施。"《数据安全法》第三章"数据安全制度"第26条明确规定，"任何国家或者地区在与数据和数据开发利用技术等有关的投资、贸易等方面对中华人民共和国采取歧视性的禁止、限制或者其他类似措施的，中华人民共和国可以根据实际情况对该国家或者地区对等采取措施。"《个人信息保护法》第三章"个人信息跨境提供的规则"第43条作出了类似的规定，指出"任何国家或者地区在个人信息保护方面对中华人民共和国采取歧视性的禁止、限制或者其他类似措施的，中华人民共和国可以根据实际情况对该国家或者地区对等采取措施。"这也是我国现行法律法规中，有关"对等反制"原则最直接、最明确的法律条款。此外，《个人信息保护法》第三章"个人信息跨境提供的规则"第42条规定，"境外的组织、个人从事侵害中华人民共和国公民的个人信息权益，或者危害中华人民共和国国家安全、公共利益的个人信息处理活动的，国家网信部门可以将其列入限制或者禁止个人信息提供清单，予以公告，并采取限制或者禁止向其提供个人信息等措施。"该条款对境外组织和个人违反跨境数据流动有关法律法规条款规定时，国家可采取的反制措施予以了概括和明确。

（二）法律规制现状

我国数字经济较为发达，且正处于快速发展阶段。如何平衡数据跨境流动产生的数字经济红利与数据保护之间的矛盾是跨境数据流动法律规制的重要议题，也是迈入"人工智能+"时代亟须考量和应对的难题。目前，国际上尚未形成统一的数据跨境流动国际监管规则，主要有欧盟加强跨境数据监管、美国相对放松跨境数据流动两种模式。

值得注意的是,随着数字经济时代的快速发展和国际化道路的全面展开,根据法律制定机关和效力的高低等级不同,我国从法律(含地方法)、行政法规、部门规章、司法解释和行业标准五个层级对跨境数据流动提出了不同层次的规定和要求。例如,我国出台了《网络安全法》《数据安全法》《个人信息保护法》等一系列全国性法律文件。深圳市更是积极推动相关工作的开展,深圳市第七届人民代表大会常务委员会第二次会议于 2021 年 6 月 29 日通过了《深圳经济特区数据条例》,成为我国数据领域首个基础性、综合性地方立法。此外,我国根据需要还发布了《数据安全管理办法(征求意见稿)》《个人信息出境安全评估办法(征求意见稿)》等实施细则和指导文件。

从《网络安全法》到《个人信息和重要数据出境安全评估办法(征求意见稿)》《个人信息出境安全评估办法(征求意见稿)》,从《数据安全管理办法(征求意见稿)》到《数据安全法》《个人信息保护法》,再到《深圳经济特区数据条例》,我国数据跨境流动制度构建的路线和脉络正日趋清晰明朗。不仅如此,这些法律的相继出台也显示出我国将重要数据和个人信息进行分级、分类监管的思想和态度。个人信息跨境流动制度侧重数据隐私保护,而除个人信息以外的数据跨境流动制度则更强调数据安全保障,聚焦于重要数据的国家安全问题。以下将从法律的法阶效力自高而低展开介绍。

1. 法律

1)法律的概念

法律是由国家制定或批准并以国家强制力保证实施的,反映由特定物质生活条件所决定的统治阶级意志的规范体系。所有规范性文件中,效力最高的文件,一般是指由具有立法权的立法机关行使国家立法权,依照法定程序制定、修改并颁布,并由国家强制力保证实施的基本法律和普通法律的总称。法律是法典和律法的统称,分别规定公民在社会生活中可进行的事务和不可进行的事务。

2)法律的特征

法律是由具有立法权的立法机构制定的具有国家强制力的规范性文件。总体来说,法律首先是指一种行为规范,所以规范性就是它的首要特性。规范性是指法律为人们的行为提供模式、标准、样式和方向。法律同时还具有概括性,它是人们从大量实际、具体的行为中高度抽象出来的一种行为模式,它的对象是

跨境数据流动：全球治理趋势与我国规制策略

一般的人，是反复适用多次的。法律还具有普遍性，即法律所提供的行为标准是按照法律规定所有公民一概适用的，不允许有法律规定之外的特殊，即要求"法律面前人人平等"，一旦触犯法律，便会受到相应的惩罚。法律规范不同于其他规范的另一个重要特征是它的严谨性。它由特殊的逻辑构成，构成要素有法律原则、法律概念和法律规范。每个法律规范由行为模式和法律后果两个部分构成。行为模式是指法律为人们的行为所提供的标准和方向。行为模式一般有三种情况：①可以这样行为，称为授权性规范；②必须这样行为，称为命令性规范；③不许这样行为，称为禁止性规范。

3）跨境数据法律文件梳理和条款规定

目前，《网络安全法》和《数据安全法》是网络领域的基础性法律，并对跨境数据流动的个人数据保护规定给予了较大的关注。在《网络安全法》出台前，我国有关跨境数据流动的法律规范较少，但就数据流动和法律规制方式进行了探索，对数据的收集、存储、传输行为进行了规范，这些规定主要见于金融、医疗、交通、电子商务等重点领域。《网络安全法》的出台在一定程度上标志着跨境数据流动规制在我国开始有了系统化的良好开端，标志着我国有关跨境数据流动的法律监管终于从"多头分立"结构走向了"统一协调"时代。梳理来看，我国在法律层面对跨境数据流动进行规制的法律共有九部，包括《网络安全法》《数据安全法》《民法典》《电子商务法》《中华人民共和国出境入境管理法》《保守国家秘密法》和《中华人民共和国基本医疗卫生与健康促进法》《深圳经济特区数据条例》《个人信息保护法》。本书对这九部法律有关跨境数据流动的相关规制条款内容进行了梳理，具体如下。

第一，《民法典》于2020年5月28日由第十三届全国人民代表大会第三次会议审议通过，并于2021年1月1日起正式实施。《民法典》第六章"隐私权和个人信息保护"明确了个人信息受法律保护的原则性规定，明确了什么数据属于个人信息，规定个人信息的处理包括收集、存储、传输、公开等行为；但整部法典对是否允许跨境流动、如何进行跨境流动的监管和保护并未作规定。其中，第1033条规定，除法律另有规定或权利人明确同意外，任何组织或者个人不得处理他人的私密信息。第1034条规定，"自然人的个人信息受法律保护，其中，个人信息是以电子或者其他方式记录的能够单独或者与其他信息结合识别特定自然人的各种信息,包括自然人的姓名、出生日期、身份证件号码、生物识别信息、住址、电话号码、电子邮箱、健康信息、行踪信息等。"第1035条规定,"处理个人信息的,应当遵循合法、正当、必要原则,不得过度处理,并符合下列条件:(一)征得该自然人或者其监护人同意,但是法律、行政法规另有规定的除外;(二)公开处理信息的规则;(三)明示处理信息的目的、方式和范围;(四)不违反法律、行政法规的规定和双方的约定。这里所指个人信息的处理包括个人信息的收集、存储、使用、加工、传输、提供、公开等。"

第二,2016年通过的《中华人民共和国网络安全法》(以下简称《网络安全法》)第一次对跨境数据流动作出统一性的规定,通过国家法律形式予以规范。具体来看,《网络安全法》第37条规定,"关键信息基础设施运营者在中国境内收集产生的个人信息和重要数据应当在境内存储。因业务需要,确需向境外提供的,应当按照国家网信部门会同国务院有关部门制定的办法进行安全评估;法律、行政法规另有规定的,依照其规定。"该条款明确了个人信息和重要数据的本地存储、出境评估等法律义务,体现了分类分级监管的思想,并重点突出了"关键信息基础设施"作为重要数据的审批同意要求。《网络安全法》第66条规定,"关键信息基础设施运营者违反第37条规定,在境外存储网络数据,或者向境外提供网络数据的,由有关主管部门责令改正,给予警告,没收违法所得,处五万元以上五十万元以下罚款,并可以责令暂停相关业务、停业整顿、关闭网站、吊销相关业务许可证或者吊销营业执照;对直接负责的主管人员和其他直接责任人员处一万元以上十万元以下罚款。"该条款是对第37条的延展,通过惩罚细则,明确了违反相关规定应受到的法律处罚,为执法机构提供了明确的执法依据和标准。《网络安全法》第47条规定,"网络运营者应当加强对其用户发布的信息的管理,发现法律、行政法规禁止发布或者传输的信息的,应当立即停止传输该信息,采取消除等处置措施,防止信息扩散,保存有关记录,并向有关主管部门报告。"该条款从法律责任的角度,规定了网络运营商对发布信息负有的责任,同时明确了阻断非法信息(包括境外非法信息)传播应采取的技术措施和必要措施。此外,《网络安全法》第76条还对网络数据、个人信息的概念和范围进行了规定。在网络数据方面,第76条指出,"网络数据,是指通过网络收集、存储、传输、处理和产生的各种电子数据。"在个人信息方面,第76条明确"个人信息,是指以电子或者其他方式记录的能够单独或者与其他信息结合识别自然人个人身份的各种信息,包括但不限于自然人的姓名、出生日期、身份证件号码、个人生物识别信息、住址、电话号码等。"该条款从概念的角度对网络数据和个人信息进行了明确规范,并与《民法典》相关条款形成呼应。

第三,《数据安全法》于 2021 年 6 月 10 日经第三届全国人大常委会第二十九次会议审议通过,并于 2021 年 9 月 1 日起施行。《数据安全法》从域外适用效力、数据安全审查制度、数据出口管制、数据对等反制措施和数据跨境调取审批制度等不同维度,初步确立了我国针对数据跨境流动的基本法律框架。其中,第 2 条明确了域外适用效力,规定"在中华人民共和国境外开展数据处理活动,损害中华人民共和国国家安全、公共利益或者公民、组织合法权益的,依法追究法律责任。"第 11 条明确了我国促进数据跨境流动的立场,规定"国家积极开展数据安全治理、数据开发利用等领域的国际交流与合作,参与数据安全相关国际规则和标准的制定,促进数据跨境安全、自由流动。"第 24 条明确了要实施数据安全审查制度,规定"国家建立数据安全审查制度,对影响或者可能影响国家安全的数据处理活动进行国家安全审查。"第 25 条确立了数据出口管制立场,规定"国家对与维护国家安全和利益、履行国际义务相关的属于管制物项的数据依法实施出口管制。"第 26 条则确立了数据对等反制措施,规定"任何国家或者地区在与数据和数据开发利用技术等有关的投资、贸易等方面对中华人民共和国采取歧视性的禁止、限制或者其他类似措施的,中华人民共和国可以根据实际情况对该国家或者地区对等采取措施。"第 31 条和第 36 条建立了重要数据出境安全管理和数据跨境调取审批制度。其中,第 31 条规定,"关键信息基础设施的运营者在中华人民共和国境内运营中收集和产生的重要数据的出境安全管理,适用《中华人民共和国网络安全法》的规定;其他数据处理者在中华人民共和国境内运营中收集和产生的重要数据的出境安全管理办法,由国家网信部门会同国务院有关部门制定。"第 36 条规定,"中华人民共和国主管机关根据有关法律和中华人民共和国缔结或者参加的国际条约、协定,或者按照平等互惠原则,处理外国司法或者执法机构关于提供数据的请求。非经中华人民共和国主管机关批准,境内的组织、个人不得向外国司法或者执法机构提供存储于中华人民共和国境内的数据。"

第四,全国人大常务委员会于 2018 年 8 月 31 日发布的《电子商务法》(自

2019年1月1日起实施)第二章"电子商务经营者"第25条规定了电子商务经营者数据跨境处理的原则,规定称"有关主管部门依照法律、行政法规的规定要求电子商务经营者提供有关电子商务数据信息的,电子商务经营者应当提供。有关主管部门应当采取必要措施保护电子商务经营者提供的数据信息的安全,并对其中的个人信息、隐私和商业秘密严格保密,不得泄露、出售或者非法向他人提供。"第26条规定了跨境电子商务应遵循相应的法律法规要求,称"电子商务经营者从事跨境电子商务,应当遵守进出口监督管理的法律、行政法规和国家有关规定。"第31条还规定了信息完整性、保密性和可用性的要求,称"电子商务平台经营者应当记录、保存平台上发布的商品和服务信息、交易信息,并确保信息的完整性、保密性、可用性。"第69条实际上也蕴含了跨境数据依法有序自由流动的规则,称"国家维护电子商务交易安全,保护电子商务用户信息,鼓励电子商务数据开发应用,保障电子商务数据依法有序自由流动。"

第五,其他已生效的法律规定。2013年7月1日生效的《中华人民共和国出境入境管理法》对出入境人员的"人体生物识别信息"的收集与储存作出特别规定,第一章"总则"第7条规定,"经国务院批准,公安部、外交部根据出境入境管理的需要,可以对留存出境入境人员的指纹等人体生物识别信息作出规定。"2019年12月28日经十三届全国人大常委会第十五次会议审议通过,于2020年6月1日起实施的《中华人民共和国基本医疗卫生与健康促进法》规定了国家对个人健康信息的保护,第八章"监督管理"第92条规定,"国家保护公民个人健康信息,确保公民个人健康信息安全。任何组织或者个人不得非法收集、使用、加工、传输公民个人健康信息,不得非法买卖、提供或者公开公民个人健康信息。"2010年修订通过的《中华人民共和国保守国家秘密法》第五章"法律责任"第48条规定,"邮寄、托运国家秘密载体出境,或未经有关主管部门批准,携带、传递国家秘密载体出境的,依法给予处分;构成犯罪的,依法追究刑事责任。"

第六,全国人大常务委员会于2021年8月20日通过的《个人信息保护法》第一章"总则"规定,"在中华人民共和国境外处理中华人民共和国境内自然人个人信息的活动,有下列情形之一的,也适用本法:(一)以向境内自然人提供产品或者服务为目的;(二)分析、评估境内自然人的行为;(三)法律、行政法规规定的其他情形。"该条款确定了《个人信息保护法》的域外适用效力、范围和条件,是对我国个人数据跨境流动保护的总体性说明。第二章"个人信息处理规则"第三节"国家机关处理个人信息的特别规定"中明确指出,"国家机关处理的个人信息应当在中华人民共和国境内存储;确需向境外提供的,应当进行安全评估。安全评估可以要求有关部门提供支持与协助。"该条款重点突出了政府机构在处理"敏感个人信息"时,如需向境外提供,则必须进行风险评估,为我国个人信息出境奠定了安全的基础。值得注意的是,该法在第三章"个人信息跨境提供的规则"部分以专章的形式,从第38条到第43条共计六条法律条款,规定了六项规则。一是个人信息处理者向境外提供个人信息需要具备四个条件;二是应当向个人告知的个人信息境外接收者相关信息和信息处理目的、方式等内容,并取得个人的单独同意;三是关键信息基础设施运营商和处理个人信息达到国家网信部门规定数量的个人信息处理者向境外提供个人信息应通过安全评估;四是因司法协助或行政执法协助,需向境外提供个人信息的应获得主管部门批准;五是境外的组织或个人从事损害我国个人信息权益,或危害我国国家安全、公共利益的个人信息处理活动的,我国可采取将其列入限制或禁止个人信息提供清单并予以公告、采取限制措施或禁止向其提供个人信息等措施;六是任何国家和地区在个人信息保护方面对我国采取歧视性的禁止、限制或其他类似措施的,我国可根据实际情况采取"对等反制"的相应措施。

第七,深圳市第七届人民代表大会常务委员会第二次会议于2021年6月29日通过的《深圳经济特区数据条例》(自2022年1月1日起施行)第一章"总则"第8条规定了跨境数据流通的监督管理负责机构,"市网信部门负责统筹协调本市个人数据保护、网络数据安全、跨境数据流动等相关监督管理工作。"这是我国首部在法律中明确"跨境数据流动"负责机构的立法性文件。第五章"数据安全"第二节"数据安全管理"第82条规定了向境外传输数据的安全审批要求,称"数据处理者向境外提供个人数据或者国家规定的重要数据,应当按照有关规定申请数据出境安全评估,进行国家安全审查。"

2. 行政法规

1)行政法规的概念

在我国,行政法规是指国务院为领导和管理国家各项行政工作,根据宪法和法律,按照《行政法规制定程序条例》的规定而制定的政治、经济、教育、科技、文化、外事等各类法规的总称;是指国务院根据宪法和法律,按照法定程序制定的有关行使行政权力、履行行政职责的规范性文件的总称。一般来说,行政法规的调整对象为行政关系,包括行政管理关系、行政法制监督关系、行政救济关系和内部行政关系。

2) 行政法规的特征

行政法规是由国务院根据宪法和法律的规定而制定的各类规范性文件。这里需要指出的是,行政法规的制定主体是国务院。在法律效力方面,因为行政法规必须经过法定程序制定,并因此具有法的效力。行政法规在名称上一般由条例、办法、实施细则、规定等形式组成。总结来看,行政法规具有以下特征:一是法规零散不统一。行政法规因涉及的社会领域宽泛,内容繁杂丰富,关系复杂多变而难以制定一部全面又完整统一的法典。因此,行政法规多零散分布于层次不同、名目繁多、种类不一、数量可观的各类法律、行政法规、地方性法规、规章和其他规范性文件中。从行政法规的概念可以看出,凡是涉及行政权力的规范性文件均存在行政法规。二是调整领域广、内容多。由于社会活动的不断增加,领域不断扩大,行政活动领域已经不限于外交、国防、治安、税收等领域,而是扩大至社会生活的方方面面。这就使得行政法必须调整各个领域所发生的社会关系,扩大了调整范围,丰富了调整内容。三是强变动性。行政法规调整的关系涉及社会生活和行政领域复杂多变的各种关系,随着社会的发展和行政的演变,作为行政关系调节器的行政法律规范也将随之发生变化,需要不断地根据新情况、新特点和新要求等开展新的立法、修订甚至废止等活动,从而体现出其强大的变动性。

3) 跨境数据相关行政法规梳理

目前,我国关于跨境数据流动规制方面的行政法规有五部,包括《征信业管理条例》《中华人民共和国档案法实施办法》《地图管理条例》《计算机信息网络国际联网安全保护管理办法》和《中华人民共和国人类遗传资源管理条例》,且五部行政法规均已发布并在有效期内。本章梳理了这五部行政法规在跨境数据方面的规定。

第一,国务院于2013年1月21日发布并于3月15日起施行的《征信业管理条例》在第一章"总则"中规定了《条例》的适用范围,称"本条例所称征信业务,是指对企业、事业单位等组织(以下统称企业)的信用信息和个人的信用信息进行采集、整理、保存、加工,并向信息使用者提供的活动。"第三章关于"征信业务规则"中第13条规定了信息采集同意原则,"采集个人信息应当经信息主体本人同意,未经本人同意不得采集。但是,依照法律、行政法规规定公开的信息除外。"第20条规定了信息仅适用于约定用途,第22条规定了信息保护要求的制度和有效技术措施。第24条明确强调了信息本地化原则和跨境流动的要求,规定"征信机构在中国境内采集的信息的整理、保存和加工,应当在中国境内进行。征信机构向境外组织或者个人提供信息,应当遵守法律、行政法规和国务院征信业监督管理部门的有关规定。"此外,第八章"附则"部分的第45条规定,"境外征信机构在境内经营征信业务,应当经国务院征信业监督管理部门批准。"

第二,国务院于1999年5月5日批准并于6月7日开始实施的《中华人民共和国档案法实施办法》对我国个人档案数据出境审批进行了规范。具体来看,该办法第三章"档案的管理"第18条规定,"各级国家档案馆馆藏的一级档案严禁出境。各级国家档案馆馆藏的二级档案需要出境的,必须经国家档案局审查批准。各级国家档案馆馆藏的三级档案、各级国家档案馆馆藏的一、二、三级档案以外的属于国家所有的档案和属于集体所有、个人所有以及其他不属于国家所有的对国家和社会具有保存价值的或者应当保密的档案及其复制件,各级国家档案馆以及机关、团体、企业事业单位、其他组织和个人需要携带、运输或者邮寄出境的,必须经省、自治区、直辖市人民政府档案行政管理部门审查批准,海关凭批准文件查验放行。"该条对我国档案出境采用了分级管控审批的原则,严禁一级档案出境,二级及以下档案则根据需要履行审批手续,是对分级管控和审批同意原则的重要体现。

第三,2019年,国务院发布了中华人民共和国国务院令第717号——《中华人民共和国人类遗传资源管理条例》,对人类遗传资源出境作出了具体的规定。例如,第一章"总则"第3条规定,"采集、保藏、利用、对外提供我国人类遗传资源,应当遵守本条例。"第7条又规定,"外国组织、个人及其设立或者实际控制的机构不得在我国境内采集、保藏我国人类遗传资源,不得向境外提供我国人类遗传资源。"第8条和第9条则分别规定了采集、保藏、利用和对外提供我国人类遗传资源不得危害公众健康、国家安全和社会公共利益；应符合伦理原则，按国家规定进行伦理审查；尊重隐私和知情权，保护其合法权益等内容。第五章"法律责任"第41条规定了违反规定，向境外提供我国人类遗传资源的处罚措施。

第四，2015年，国务院发布中华人民共和国国务院令第664号——《地图管理条例》，规定从2016年1月1日起实施，对地图服务单位的数据服务器存放进行了规定。例如，其第五章"互联网地图服务"第34条规定，"互联网地图服务单位应当将存放地图数据的服务器设在中华人民共和国境内，并制定互联网地图数据安全管理制度和保障措施。县级以上人民政府测绘地理信息行政主管部门应当会同有关部门加强对互联网地图数据安全的监督管理。"第三章"地图审核"第24条规定，"任何单位和个人不得出版、展示、登载、销售、进口、出口不符合国家有关标准和规定的地图，不得携带、寄递不符合国家有关标准和规定的地图进出境。进口、出口地图的，应当向海关提交地图审核批准文件和审图号。"

第五，1997年，经国务院批准，公安部发布《计算机信息网络国际联网安全保护管理办法》，该办法于2011年进行了修订，对国际互联网业务从事组织协助执法机构的义务进行了规定。例如，第一章"总则"第2条规定，"中华人民共和国境内的计算机信息网络国际联网安全保护管理，适用本办法。"第二章"安全保护责任"第8条规定，"从事国际联网业务的单位和个人应当接受公安机关的安全监督、检查和指导，如实向公安机关提供有关安全保护的信息、资料及数据文件，协助公安机关查处通过国际联网的计算机信息网络的违法犯罪行为。"

3. 部门规章

1) 部门规章的概念

部门规章是国务院所属部门、委员会及审计署等根据法律和行政法规的规定和国务院的决定，在本部门的权限范围内制定和发布的调整本部门范围内的行政管理关系的、并不得与宪法、法律和行政法规相抵触的规范性文件。

2) 部门规章的特征

部门规章的主要形式有命令、指示、规定等。与法律、行政法规一样，部门规章也同样具有法律约束力。此外，由于享有部门规章立法权的部门繁多，涉及的领域也非常广，因此，部门规章呈现领域广、内容多且杂、相互交叉、存有少理重复甚至冲突等特征。

3) 跨境数据相关部门规章梳理

我国有关跨境数据流动的部门规章较多，共有21个，主要是由国家互联网信息办公室（以下简称国家网信办）发布的。这里主要介绍五个重要的部门规章，部分摘取其他部门规章中与跨境数据流动的相关条款。

第一，作为《网络安全法》的配套规章制度，2017年，国家网信办发布了《个人信息和重要数据出境安全评估办法（征求意见稿）》和《关键信息基础设施安全保护条例（征求意见稿）》两个部门规章。《个人信息和重要数据出境安全评估办法（征求意见稿）》全文对个人信息和重要数据的跨境传输进行了规范，具体涵盖适用范围、数据出境的概念、数据出境评估程序、数据出境的监管机构、年度评估和重新评估制度、安全评估内容、不得出境的情形和重要数据的界定等多方面的内容，既是对《网络安全法》的延伸，又对其内容进行了相应的补充。例如，其在第2条规定，"网络运营者在中华人民共和国境内运营中收集和产生的个人信息和重要数据，应当在境内存储。因业务需要，确需向境外提供的，应当按照本办法进行安全评估。"第11条规定了数据不得出境的三种情况，包括"个人信息出境未经个人信息主体同意，或可能侵害个人利益""数据出境给国家政治、经济、科技、国防等安全带来风险，可能影响国家安全、损害社会公共利益""其他经国家网信部门、公安部门、安全部门等有关部门认定不能出境的"。2021年7月30日，国务院总理李克强签署中华人民共和国国务院令第745号，公布《关键信息基础设施安全保护条例》自2021年9月1日起施行。《关键信息基础设施安全保护条例》对关键信息基础设施的范围、各监管部门的职责、运营者的安全保护义务及安全检测评估制度提出了更加具体、操作性也更强的要求，为开展关键信息基础设施的安全保护工作提供了重要的法律支撑。例如，其第5条规定，"国家对关键信息基础设施实行重点保护，采取措施，监测、防御、处置来源于中华人民共和国境内外的网络安全风险和威胁，保护关键信息基础设施免受攻击、侵入、干扰和破坏，依法惩治危害关键信息基础设施安全的违法犯罪活动。"

第二，作为《网络安全法》的配套规章制度，2019年，国家网信办发布了《网络安全审查办法（征求意见稿）》《数据安全管理办法（征求意见稿）》《个人信息出境安全评估办法（征求意见稿）》等规章。此外，2020年4月13日，国家网信办联合国家发展和改革委员会、工业和信息化部、公安部、国家安全部、财政部、商务部、中国人民银行、国家市场监督管理总局、国家广播电视总局、国家保密局、国家密码管理局共同印发了《网络安全审查办法》，并于2020年6月1日起实施。《个人信息出境安全评估办法（征求意见稿）》针对跨境数据中的个人信息安全作出了规定，通篇包括22条，分别从适用范围、安全评估、出境申报要求、出境记录保存、出境信息报备、违规处罚等多个方面进行了详细的规范。具体来看，其第2条规定，"个人信息出境可能影响国家安全、损害公共利益，或者难以有效保障个人信息安全的，不得出境。"第3条规定，"网络运营商向境外提供在中国境内收集的个人信息，应当按照本办法进行安全评估。"第8条规定，"网络运营者应当建立个人信息出境记录并且至少保存5年。"

《网络安全审查办法》（2020年2月15日起正式实施）第6条规定，"掌握超过100万用户个人信息的运营者赴国外上市，必须向网络安全审查办公室申报网络安全审查。"第10条规定，"网络安全审查重点评估采购网络产品和服务可能带来的国家安全风险，主要考虑以下因素：……（五）核心数据、重要数据或大量个人信息被窃取、泄露、毁损以及非法利用或出境的风险……"《数据安全管理办法（征求意见稿）》第28条规定，"向境外提供个人信息按有关规定执行。"第29条规定，"境内用户访问境内互联网的，其流量不得被路由到境外。"

第三，其他部门发布的生效的部门规章中涉及跨境数据传输的规范条款内容。从行业来看，我国立法对金融业、健康医疗领域、基因安全、位置出行相关的个人数据出境作出了更为严格和细致的要求。

2011年，财政部和国资委联合发布《关于会计师事务所承担中央企业财务决算审计有关问题的通知》，第4条规定，"承担中央企业财务决算审计的会计师事务所，其外籍员工不得以任何形式接触中央企业的涉密资料和信息；其信息系统和数据库(含相应的软硬件设备)应当置于境内；其信息系统和数据库应与其他业务合作关系的设备进行物理隔离。"

2011年，中国人民银行发布《中国人民银行关于银行业金融机构做好个人金融信息保护工作的通知》(以下简称《通知》)，第6条规定，"在中国境内收集的个人金融信息的储存、处理和分析应当在中国境内进行。除法律法规及中国人民银行另有规定外，银行业金融机构不得向境外提供境内个人金融信息。"这条规定实际上规定了个人金融信息"一般禁止出境"的重要原则。同时，《通知》还明确了"个人金融信息"的概念，对出境信息作出了明确的界定。

健康医疗和基因与人身联系紧密，立法中对此类数据采取了更为严格的管理办法，多采用禁止出境和本地化存储的规则。2014年，国家卫生计生委发布的《人口健康信息管理办法(试行)》第10条规定了人口健康信息禁止出境，只能存储在境内的服务器中，规定"责任单位应当结合服务和管理工作需要，及时更新与维护人口健康信息，确保信息处于最新、连续、有效状态。不得将人口健康信息在境外的服务器中存储，不得托管、租赁在境外的服务器。"

2016年，交通运输部、工业和信息化部、公安部、商务部、工商总局、国家质检总局、国家网信办7部委联合发布了《网络预约出租汽车经营服务管理暂行办法》，其第27条规定了用户在使用网约车服务中心被采集的个人信息和生成的业务数据禁止出境，只能在中国内地存储和使用，规定"网约车平台公司应当遵守国家网络和信息安全有关规定，所采集的个人信息和生成的业务数据，应当在中国内地存储和使用，保存期限不少于2年，除法律法规另有规定外，上述信息和数据不得外流。"同年，交通运输部、工业和信息化部联合发布了《关于网络预约出租汽车经营者申请线上服务能力认定工作流程的通知》，其第8条规定，"网络安全管理制度和安全保护技术措施应具备数据跨境流动情况说明。"

2018年，国家卫生健康委员会正式印发了《国家健康医疗大数据标准、安全和服务管理办法(试行)》，其第30条中规定了个人医疗健康大数据只能进行本地化存储，如需出境，应提前进行安全评估审核。规定"责任单位应当具备符合国家有关规定要求的数据存储、容灾备份和安全管理条件，加强对健康医疗大数据的存储管理。健康医疗大数据应当存储在境内安全可信的服务器上，因业务需要确需向境外提供的，应当按照相关法律法规及有关要求进行安全评估审核。"

2018 年，国务院办公厅发布《科学数据管理办法》，对科学数据的规范采集、保存、共享、使用、管理等方面的内容进行了规定。第三章"采集、汇交与保存"第 14 条规定，"主管部门和法人单位应建立健全国内外学术论文数据汇交的管理制度。利用政府预算资金资助形成的科学数据撰写并在国外学术期刊发表论文时需对外提交相应科学数据的，论文作者应在论文发表前将科学数据上交至所在单位统一管理。"第五章"保密与安全"第 25 条规定了对外开放共享科学数据的原则，要求"不对外为常态，对外为例外"，规定"涉及国家秘密、国家安全、社会公共利益、商业秘密和个人隐私的科学数据，不得对外开放共享；确需对外开放的，要对利用目的、用户资质、保密条件等进行审查，并严格控制知悉范围。"第 26 条规定了对外提供科学数据应履行审批手续并签订保密协议，规定"对外交往与合作中需要提供涉及国家秘密的科学数据的，法人单位应明确提出利用数据的类别、范围及用途，按照保密管理规定程序报主管部门批准。经主管部门批准后，法人单位按规定办理相关手续并与用户签订保密协议。"第 27 条规定了科学数据对外公布应具备相应的安全保密审查机制，规定"对于需对外公布的科学数据开放目录或需对外提供的科学数据，主管部门和法人单位应建立相应的安全保密审查制度。"

4. 司法解释

2001 年，最高人民法院发布《最高人民法院关于审理为境外窃取、刺探、收买、非法提供国家秘密、情报案件具体应用法律若干问题的解释》，其第 5 条规定，"行为人知道或者应当知道没有标明密级的事项关系国家安全和利益，而为境外窃取、刺探、收买、非法提供的，依照刑法第一百一十一条的规定以为境外窃取、刺探、收买、非法提供国家秘密罪定罪处罚。"第 7 条规定，"审理为境外窃取、刺探、收买、非法提供国家秘密案件，需要对有关事项是否属于国家秘密及属于何种密级进行鉴定的，由国家保密工作部门或者省、自治区、直辖市保密工作部门鉴定。"

5. 国家标准

"标准"和"指南"一定程度上分为国家标准和指南及行业标准和指南两个层级。国家标准是由国家颁布的，在内容上一般属于"最低标准"；行业标准是由各部委、行业协会、特定领域制定和颁布的，一般其内容会高于国家标准。总体来看，无论是国家标准还是行业标准，都不同于上述讨论的法律、行政法规、部门规章和司法解释，一般没有强制法律效力，仅对企业开展数据合规工作给予参考和指导建议。

目前，我国关于跨境数据流动的标准主要为国家标准，其中具有代表性的标准文件为：全国信息安全标准化技术委员会制定的《信息安全技术 公共及商用服务信息系统个人信息保护指南》，该文件将数据处理划分为数据的收集、加工、转移、删除四个阶段，规定了各阶段个人信息管理者的数据处理原则和义务，并在个人信息的收集过程中提出了数据主体"明示同意"的更高要求，着重强调对个人信息的保护；国家质检总局、国家标准化管理委员会制定的《信息安全技术数据出境安全评估指南（征求意见稿）》暂时还未正式颁布，其中对数据出境安全评估流程、评估要点、评估方法、重要数据识别等内容进行了具体规定；国家质检总局、国家标准化管理委员会制定的《信息安全技术 个人信息安全规范》主要规范了利用信息系统处理个人信息应遵循的原则和应采取的安全措施。对个人信息的收集原则、保护性存储、使用目的结束后的及时删除都作出了详细、具体的规定。

此外，2017—2019年，我国出台了数十项与数据保护、数据跨境流动相关的国家标准，如《信息安全技术 个人信息去标识化指南》（GB/T 37964—2019）、《信息安全技术 个人信息安全规范》（GB/T 35273—2017）、《信息安全技术 移动智能终端个人信息保护技术要求》（GB/T 34978—2017）、《信息安全技术 个人信息安全规范（征求意见稿）》《信息安全技术 数据出境安全评估指南（征求意见稿）》《信息安全技术 IPSec VPN技术规范》（GB／T 36968—2018），其中有关跨境数据流动的规定均较为宽泛，更多地集中于宏观原则性的规定，在此不作过于详细的介绍。国内有关跨境数据流动的法律文件（不含标准）详细情况如表5-1所示。

表 5-1 国内有关跨境数据流动的法律文件（不含标准）详细情况

文件分类	规范名称	出台部门	出台时间	涉及条款	主要内容	法律状态
法律	《网络安全法》	全国人大常务委员会	2016年	第37条、第47条、第66条和第76条	重要数据境内存储、违规向境外传输的处罚措施	现行
	《民法典》	全国人大常务委员会	2020年	第1033条、第1034条、第1035条	个人信息的界定、个人信息受法律保护的原则性规定、个人信息的处理行为	现行
	《电子商务法》	全国人大常务委员会	2018年	第25条、第26条、第31条、第69条	电子商务经营者数据跨境处理的原则、法律要求、信息完整性和保密性、可用性要求	现行
	《出境入境管理法》	全国人大常务委员会	2012年	第7条	对出入境人员的"人体生物识别信息"的收集与储存作出特别规定	现行
	《基本医疗卫生与健康促进法》	全国人大常务委员会	2019年	第92条	国家对个人健康信息的保护	现行
	《保守国家秘密法》	全国人大常务委员会	2010年	第48条	邮寄、托运国家秘密载体出境，或未经有关主管部门批准，携带、传递国家秘密载体出境的构成犯罪	现行
	《数据安全法》	全国人大常务委员会	2021年	第2条、第11条、第21条、第24条、第25条、第26条、第31条、第32条、第36条	规定了域外适用效力、数据安全审查制度、数据出口管制、数据对等反制措施和数据跨境调取审批制度等不同维度	现行
	《个人信息保护法》	全国人大常务委员会	2021年	第38~43条	跨境数据的条件、信息处理目的和方式告知、出境安全评估、出境审批、对等反制措施等	现行
	《深圳经济特区数据条例》	深圳市第七届人民代表大会常务委员会	2021年	第8条、第82条	规定了跨境数据流通的监督管理部门，明确要求向境外传输个人数据或其他重要数据应履行出境安全评估和国家安全审查	现行

跨境数据流动：全球治理趋势与我国规制策略

续表

文件分类	规范名称	出台部门	出台时间	涉及条款	主要内容	法律状态
行政法规	《征信业管理条例》	国务院	2013年	第13条、第20条、第22条、第24条、第45条	适用范围、信息采集同意原则、信息本地化原则和跨境流动要求、境外机构境内经营的批准要求	现行
	《地图管理条例》	国务院	2016年	第34条	互联网地图服务单位应当将存放地图数据的服务器设在中华人民共和国境内，并制定互联网地图数据安全管理制度和保障措施	现行
	《档案法实施办法》	国务院	1999年	第18条	档案出境分级管控，一般禁止，特殊情况审批	现行
	《计算机信息网络国际联网安全保护管理办法》	国务院批准、公安部发布	2011年修订	第8条	从事国际联网业务的单位和个人应当协助公安机关查处通过国际联网的计算机信息网络的违法犯罪行为	现行
	《人类遗传资源管理条例》	国务院	2019年	第3条、第7~9条、第41条	适用范围、人类遗传资源不得出境、特殊情况出境应遵守伦理原则等要求	现行
部门规章	《个人信息和重要数据出境安全评估办法（征求意见稿）》	国家网信办	2017年	全文	适用范围、数据出境的概念、数据出境评估程序、数据出境的监管机构、年度评估和重新评估制度、安全评估内容、不得出境的情形和重要数据的界定等	征求意见
	《关键信息基础设施安全保护条例》	国家网信办	2021年	全文	关键信息基础设施的范围、各监管部门的职责、运营者的安全保护义务以及安全检测评估制度	现行
	《网络安全审查办法》	国家网信办	2021年	第7条	掌握超过100万用户个人信息的运营者赴国外上市应当进行网络安全审查	现行

续表

文件分类	规范名称	出台部门	出台时间	涉及条款	主要内容	法律状态
部门规章	《数据安全管理办法（征求意见稿）》	国家网信办	2019年	第28条和29条	境内流量不得被路由到境外	征求意见
	《个人信息出境安全评估办法（征求意见稿）》	国家网信办	2019年	全文22条	适用范围、安全评估、出境申报要求、出境记录保存、出境信息报备、违规处罚等	征求意见
	《关于会计师事务所承担中央企业财务决算审计有关问题的通知》	财政部、国资委	2011年	第4条	中央企业财务决算审计的信息系统和数据库置于境内、物理隔离等要求	现行
	《工业和信息化部关于清理规范互联网网络接入服务市场的通知》	工业和信息化部	2017年	第4条	严禁未经批准开展跨境电信业务	现行
	《大数据产业发展规划（2016—2020年）的通知》	工业和信息化部	2016年	第2条	推动建立数据跨境流动的法律体系和管理机制，加强重要敏感数据跨境流动的管理	现行
	《中国人民银行关于银行业金融机构做好个人金融信息保护工作的通知》	中国人民银行	2011年	第6条	境内金融信息本地化存储	现行
	《中国云科技发展"十二五"专项规划》	科技部	2012年	第6章	加快推动云计算业务中的数据跨境流动范围的法规和制度建设	现行
	《内地与香港关于建立更紧密经贸关系的安排》	商务部	2017年	第14条	加强两地在跨境数据流动方面的交流，组成合作专责小组共同研究可行的政策措施安排	现行

续表

文件分类	规范名称	出台部门	出台时间	涉及条款	主要内容	法律状态
部门规章	《内地与澳门关于建立更紧密经贸关系的安排》	商务部	2017年	第14条	加强两地在跨境数据流动方面的交流	现行
	《国家邮政局、商务部关于规范快递与电子商务数据互联共享的指导意见》	国家邮政局、商务部	2019年	第4条	存储使用用户数据涉及跨境流动的，依照相关法律法规规定	现行
	《人口健康信息管理办法（试行）》	国家卫生计生委	2014年	第10条	人口健康信息不得存储、托管于境外服务器	现行
	《网络预约出租汽车经营服务管理暂行办法》	交通运输部、工业和信息化部、公安部、商务部、工商总局、国家质检总局、国家网信办	2016年	第27条	用户信息禁止出境，只能本地存储和使用	现行
	《关于网络预约出租汽车经营者申请线上服务能力认定工作流程的通知》	交通运输部、工业和信息化部	2016年	第8条	网络安全管理制度和安全保护技术措施应具备数据跨境流动情况说明	现行
	《国家健康医疗大数据标准、安全和服务管理办法（试行）》	国家卫生健康委员会	2018年	第30条	个人医疗健康大数据只能进行本地化存储，出境需进行安全评估审核	现行
	《网络出版服务管理规定》	国家新闻出版广电总局、工业和信息化部	2016年	第10条、32条	网络出版服务单位境外合作需审批；在网络上提供境外出版物，应当取得著作权合法授权	现行

续表

文件分类	规范名称	出台部门	出台时间	涉及条款	主要内容	法律状态
部门规章	《外国机构在中国境内提供金融信息服务管理规定》	国务院新闻办公室、商务部、工商行政管理总局	2009年	第2条、3条、19条	在中国境内设立的外商投资金融信息服务企业应当严格按照登记注册的经营范围从事业务活动，不得开展新闻采集业务，不得从事通讯社业务	现行
	《科学数据管理办法》	国务院办公厅	2018年	第14条、25~27条	科学数据"不对外为常态，对外为例外，对外需审批"	现行
司法解释	《最高人民法院关于审理为境外窃取、刺探、收买、非法提供国家秘密、情报案件具体应用法律若干问题的解释》	最高人民法院	2001年	第5条、7条	为境外窃取、刺探、收买、非法提供的信息的处罚措施	现行

（三）法律规制特点

从国际化角度来看，我国关于跨境数据流动的法律规制模式是独立于"欧美模式"之外的第三种模式。这种模式既是基于我国独有的中国特色社会主义现状和国情，也是对当前我国所处国际环境和国际化发展需要的一种体现。根据我国有关跨境数据流动的法律规制文献和条款内容、法律规制原则两部分内容，总结出我国跨境数据流动的法律规制具有以下三个方面的特点。

1. 将维护国家数据安全与数据主权放在首位

面对数字经济全球化、跨境数据流动常态化的新形势，如何加强对跨境数据流动的监管，是每个国家面临的重要课题。数据技术促进了数据应用场景和参与主体的日益多样化，数据安全已成为全球共同面临的问题，成为与国家安全和国际竞争力紧密相连的重要因素，对数据安全的认知也已从个人隐私上升至广义的维护国家安全的高度。国家在跨境数据流动监管中扮演着不可或缺的重要角色，不仅要保护个人数据权利不被侵犯，维护企业的数字经济利益和安全发展权益，更需要站在一国的国家安全高度进行全方位的考量，确保国家利益不被侵犯，国家安全获得保障。

如果将跨境数据流动常态化处置，会使国家安全暴露于更易受威胁的环境中。从法律视角来看，跨境数据流动监管一般有原则就有例外。以"数据自由流动"为原则，多数时候都存在"例外"的限制性附加条件。世界上不存在对跨境数据流动不做任何限制的国家。实际上，全球在跨境数据流动治理领域，多数都采取了限制性的措施。美国智库信息技术与创新基金会（ITIF）2021年7月19日发布的《跨境数据流动在全球面临的障碍、成本和解决方案》（*How Barriers to Cross-Border Data Flows Are Spreading Globally, What They Cost, and How to Address Them*）指出，将数据存储限制在境内正成为全球各国的一种趋势，从2017年的35个国家，增加至2021年的62个国家、144项数据本地化措施，数量几乎翻倍。

赛迪智库2021年6月发布的《数据安全治理白皮书》显示，从全球层面来看，随着大型互联网平台企业的日益壮大，其"数据垄断"问题愈加严重，由此带来的数字权利滥用问题或将威胁到国家安全，如跨境数据流动被他国用于预测我国战略动向等。如何运用法律法规等权威途径和手段，规制数据的跨境流动，关系到国家安全。当前，我国在《网络安全法》《数据安全法》等多部重要的法律中，申明了安全原则、主权原则和本地化存储等多重原则，将数据主权视为国家安全和避免国外监控的应有之义，体现了在跨境数据流动监管中，国家数据安全和数据主权应成为不容触碰的"底线"思维。例如，《数据安全法》第11条规定了"数据跨境安全、自由流动"的原则，表明了支持数据跨境"自由流动"，但同时也作出了"安全流动"的限制性条件，既体现了我国坚持对外开放与国际合作的基本立场，又彰显了对数据领域国家安全的高度关注，从而守住国家安全底线，实现双重目标的平衡。

2. 注重数据"动"和"静"两面安全

跨境数据流动的安全包含两个层面的意思，既关注数据本身的安全，也关注跨境数据流动过程中的安全。所谓"静"的安全，是指数据自身的安全属性，是对数据固有形态及其权益的保护，体现在任何人不得非法访问、获取、使用他人数据，侵害数据的完整性、保密性和可用性。这类安全具有客观、明确的判断标准。所谓"动"的安全是指对数据在流动过程中的过程及其权益的保护。我国的跨境数据流动法律规制条款，一般体现为"重要数据"的自主可控和评估审批要求，以及"一般数据"的可信要求，两者共同构成了数据自由流动安全的硬约束和软约束。

我国《网络安全法》第10条明确要求责任主体维护好网络数据的"完整性、保密性和可用性"，这是对数据自身安全属性的明示，表明了数据安全的"静态标准"。《数据安全法》第3条规定了数据安全是"确保数据处于有效保护"的状态，对数据安全的状态要求给予了关注和保障。从"静态安全"的角度来看，我国的法律法规未对数据进行区分，即不区分"重要数据""非重要数据""个人数据""设备数据"等类型。实际上，这一要求是对数据进行了"去价值化"，强调专注于数据本身，而非其价值。

从"动态安全"的角度来看，我国法律法规对数据安全给予了类型化管理。《国家安全法》第25条规定，"实现重要领域信息系统及数据的安全可控，维护国家网络空间主权、安全和发展利益。"从国家综合安全、人类安全的高度明确了数据的"动态安全"。《网络安全法》第37条规定了重要数据强制实施本地化存储的要求，确有需要向境外提供的，应经过安全评估等手续，从而确保"重要数据"跨境传输过程的安全可控。此外，《数据安全法》第3条规定，"数据安全，是指通过采取必要措施，确保数据处于有效保护和合法利用的状态，以及具备保障持续安全状态的能力。"这对数据流动过程中的安全状态给予关注和保障。这里的数据泛指"所有的数据"，既包括"重要数据"，也包括"非重要数据"，体现了对数据安全的可控、可信要求。

3. 注重数据开放，国际交流合作趋势增强

当前的数字经济时代，跨境数据流动大幅增长。美国智库布鲁金斯学会研究显示，2009—2018年的十年间，全球跨境数据流动对全球经济增长的贡献度高达10.1%，预计2025年跨境数据流动对全球经济增长的价值贡献有望突破11

跨境数据流动：全球治理趋势与我国规制策略

万亿美元。另外，美国智库信息技术与创新基金会于2021年7月发布的《跨境数据流动在全球面临的障碍、成本和解决方案》指出，各国政府常以保护本国公民隐私安全为由实施跨境数据流动限制措施，这将带来严重的负面经济影响。估计一个国家的数据限制程度每提高1个百分点，就会使其贸易总产出减少7%，生产力下降2.9%，并在五年内使依赖数据的行业的下游价格提高1.5%。

我国一直坚持对外开放，在跨境数据流动领域也不例外。党的十九大报告指出，中国将继续发挥负责任大国作用，积极参与全球治理体系的改革和建设，并不断贡献中国智慧和力量。2017年，外交部与国家互联网信息办公室共同发布了《网络空间国际合作战略》，提出在和平、主权、共治、普惠四项基本原则的基础上，推动网络空间国际合作，将网络空间国际合作提高至国家战略高度。2019年，在日本举办的"G20大阪峰会"上，我国指出，数据就像石油，应建立公平且无差别的市场，不能关起门来搞发展，更不能人为干扰市场，要共同完善数据治理规则，确保数据的安全有序利用。此外，在《网络安全法》和《数据安全法》等多个重要的数据领域法律文件中，我国分别提出了"推动构建和平、安全、开放、合作的网络空间，建立多边、民主、透明的网络治理体系"和"国家积极开展数据安全治理、数据开发利用等领域的国际交流与合作，参与数据安全相关国际规则和标准的制定，促进数据跨境安全、自由流动"的开放合作理念。

在坚持数据开放、加强国际合作交流的理念下，虽然我国在跨境数据流动治理领域的努力开始得比较晚，但一直"在路上"。我国根据当前的国际环境，在跨境数据流动领域积极开展国际合作。2020年11月15日，东盟10国和中国、日本、韩国、澳大利亚、新西兰共15个亚太国家正式签署了《区域全面经济伙伴关系协定》（RCEP）。2021年3月8日，中国正式核准该协定；2021年4月15日，中国向东盟秘书长正式交存了RCEP核准书。RCEP在第12章《电子商务》中对于成员之间关于线上个人信息保护、跨境数据传输等进行了约定。此外，我国还积极参与G20峰会、WTO等多个国际组织有关跨境数据流动的讨论并积极建言。同时，我国还相继与智利、新加坡等国家达成自由贸易协定，签署"协定书"，增加了电子商务等议题。不仅如此，我国还依托"一带一路"合作政策，提出"数字丝绸之路"等中国主张，并多次表达对加入TPP和CPTPP持积极开放态度，向国际社会展现出我国以积极姿态推动数据经济相关市场开放，提高数据信息开放和共享水平，推动全球数字经济发展的态度。

二、全球化变局：外部挑战

习近平总书记指出："当今世界正面临百年未有之大变局。对广大新兴市场国家和发展中国家而言，这个世界既充满机遇，也存在挑战。"这一论断不仅是指政治学意义上国际权力格局的调整与变迁，其更深层次的意涵则是指人类社会正在进入系统性变革的过渡时期，这在跨境数据流动领域又具体体现在技术、业态、制度这三个层面。

首先，以人工智能、5G 为代表的新一代信息技术方兴未艾。业内普遍预计，在技术积累和基础设施不断完善的基础上，人工智能和 5G 将在未来两三年内得到普遍应用。其次，世界经济正处于深度调整、新旧动能转换时期，"逆全球化"和贸易保护主义思潮抬头，各国经济发展模式乃至全球经济业态本身正在发生剧烈变革。最后，全球性公共事务的快速增加对全球性治理制度安排提出了新的需求，不同利益相关体从不同角度提出了不同的制度变革方案，进而反过来对现有治理制度造成倒逼压力。

针对跨境数据，受全球化变局的影响，曾经可以有效平衡跨境数据流动需求和国内数据保护政策的制度安排，在新技术、新业态、新制度的冲击下，可能失去效果。欧美之间达成的跨境数据流动《安全港协议》在运行 15 年之后，于 2015 年被欧洲法院宣布废止便是例证。近年来全球化变局的加深，进一步对各国国内监管政策造成影响。

跨境数据流动在国际上目前尚无统一通用的规范，各国都是基于本国的国家利益和需要制定相应的法规，在一定程度上会对其他国家造成不利的影响，对科技企业的国际化发展带来挑战。跨境数据流动是信息技术驱动而产生的新需求。在研究跨境数据流动治理时，必然需要平衡跨境数据自由流动与国家政策目标、国家安全、数据安全等制度管理之间的矛盾；同时权衡好跨境数据流动与技术变革和业态发展需要之间的问题。因此，本节将从技术变革、业态变革和制度变革三个角度来分析全球化变局对中国跨境数据流动治理带来的影响。

（一）技术变革：模糊"边界"概念，诱发制度失效风险

1. 技术变革进一步模糊数据流入和流出的"边界"概念，我国企业国际化发展或遭遇监管阻力

技术变革作为全球化变局的首要推动力，其具体体现为信息技术从"信息化、数字化"向"网络化、智能化"转变。"信息化、数字化"更多是指将物理空间的人类社会通过信息技术对应至数字空间，而"网络化、智能化"转变更加侧重数字空间本身的发展规律，数字空间的人类社会开始体现出与物理空间不一样的特征。就跨境数据流动而言，"网络化"具体是指受益于云计算、网络通信技术的发展，数据从生产、传输到处理全过程的互联互通；而"智能化"则具体是指在人工智能技术的推动下，机器本身具备了自动化和智能化的数据处理能力，其在极大地扩展信息技术适用范围和使用程度的同时，也自然延伸了数据流动的范围、形式和程度，进而对跨境数据流动的传统管理模式带来了挑战。

传统监管政策建立在数据流动"边界"界定的基础上，如数据本地化政策即要求数据存储在一定边界之内。但技术变革却要求模糊数据流入、流出的"边界"概念。一方面，数据的流动与处理可能因为国与国之间不同的信息负载能力、时间或其他原因而有所区别；另一方面，云存储和云计算的发展与普及也使得数据流动成为动态变化的网络进程而非预先确定的"点对点"传输。在此背景下，原来基于"边界"而制定的监管政策将面临"失效"风险。

在中国互联网和高科技企业迅速出海并在国外快速成长的过程中，为了保护本国企业利益，欧美等多国纷纷以"国家安全""数据安全""个人隐私"等为由，对我国数据企业发起"围剿"。为了争夺数字经济的领先权，国际上纷纷出台相应的法律法规对跨境数据监管进行规定和限制。例如，2016年4月27日，欧盟议会通过了GDPR，设置一系列严密的预防、保护和惩罚制度体系，突出强调数据主权权利、数据控制者和数据处理者的义务，并对跨境数据流动的概念、规制方法作出了全新的规定。此外，GDPR在跨境数据流动监管方面最明显的特征就是其"长臂管辖"做法。例如，GDPR规定，无论数据控制者或处理者在欧盟境内是否设有实体机构，只要其对欧盟境内数据主体的个人数据进行处理，即适用该法的规定。这意味着任何向欧盟公民提供商品或服务的企业都将受到GDPR的规制，从而使得GDPR成为事实上"世界性适用"的法律。中国的许

多机构实体，尤其是互联网、高科技企业，为了拓展欧盟市场，都必须考虑到其"长臂管辖"做法的影响和限制。这也显示出我国个人数据跨境流动面临着不同国家间不同立场的法律规定和制度环境差异所形成的全球跨境数据流动治理难题。

案例一　摩拜单车涉嫌违反 GDPR

共享单车是我国共享经济浪潮中的重要代表，为短途出行提供了一种新型、便捷、便宜和快速的出行方案，一定程度上为我国城市交通的"最后一公里"提供了一种较好的解决方案。曾经，摩拜单车是我国共享出行行业的佼佼者（现已被美国收购而呈"半隐身"状态——编辑注），为全球消费者和经济市场创造了不容小觑的价值。但是，2018年年底，摩拜单车却因涉嫌违反欧盟 GDPR 而面临德国数据监管机构的调查，为我国数字经济全球化发展敲响了"数据安全和个人信息保护"的警钟，同时也警醒我们跨境数据流动在国际化层面可能遭遇的挑战。

GDPR 第 3 条第 2 款规定，GDPR 适用于非设立于欧盟境内的数据控制者或处理者所进行的数据处理行为，这具有两个层面的意思：一是对于在欧盟境内设立子公司、分公司、代表处或任何其他企业实体的中国公司来说，其在欧盟境内的企业实体的任何数据处理活动均属于 GDPR 的适用范围，需遵守 GDPR 的有关要求。二是如果中国某公司在欧盟境内未设立任何企业实体，但该公司向欧盟境内的个人或组织提供产品或服务，或者是对欧盟境内的公民实施"用户画像"、行为分析，或是通过可穿戴设备等技术进行位置类服务等，也属于 GDPR 的适用范围。摩拜单车遭遇德国数据监管机构的调查就是因其在为欧洲公民提供共享单车出行服务的过程中，收集了欧洲骑行用户的个人数据，从而符合第二个层面的范畴，受到了 GDPR 的约束。

摩拜单车的隐私条款规定，摩拜单车收集的个人数据包括用户直接提供的个人信息，如用户姓名、电子邮件、电话号码、付款方式等，以及用户在使用摩拜应用的过程中所产生的个人数据，如位置信息、使用偏好数据、交易数据等。摩拜单车在隐私条款中表明，摩拜单车在收集了这些个人数据之后可以将数据传输到欧洲以外的其他国家或地区，这些个人数据被跨境传输之后也可能面临着被精准分析的风险。根据 GDPR 第 45 条，"充分性认定"（Adequacy Decision）是数据控制者将个人数据安全地转移到第三国和国际组织的重要工具，换句话说，只有在第三国或国际组织被列入欧盟跨境数据流动"白名单"的，或者第三国或国际组织与欧盟各国政府机关或机构签订数据自由流动协议的，数据控制者才可以不经监管部门的任何特别授权直接传输数据。目前，我国未进入欧盟的"白名单"，也尚未与欧盟签订跨境数据流动的相关协议。因此，摩拜单车若将欧盟公民的个人数据传输至中国，需要遵循GDPR的"适当保障措施"（Appropriate Safeguards），包括约束性企业规则、标准合同条款、经批准的行为准则及认证机制等。

2. 技术变革在带来新监管工具的同时，也带来"制度失效"风险

制度约束侧重通过法律、政策等治理工具影响行为主体，进而影响跨境数据流动。考虑到技术监管直接作用于数据流动并对其产生影响，因而数据流动本身的技术特点将决定技术监管方式的最终成效。信息技术从"信息化、数字化"向"网络化、智能化"转变，一方面在技术的推动下，将提供新的监管工具甚至创造新的技术监管方式，为制度创新创造空间；另一方面也可能使得传统的技术监管方式流于形式，在现有制度的基础上创造"漏洞"，诱发"制度失效"的风险。例如，人工智能技术的快速发展将为内容自动检测与阻断提供更为高效的技术工具，而基于人工智能在语音、图片识别等方面的应用，对于跨境数据流动的监管范围也可从传统的数字或文本数据扩展为多媒体数据。此外，人工智能技术可能强化数据监控的能力和范围，使得以前有效的跨境数据流动治理机制不能监测到基于当前技术水平的数据监控行为，威胁到制度有效性。再如，云计算技术的发展则可能使数据本地化的监管要求流于形式，更为灵活和高效的云计算技术将凸显数据本地化的隐形成本。

（二）业态变革：催生去中心化，影响公共治理

1. 跨境数据流动改变社会认知，影响治理的公共政策目标

数字全球化的快速发展将推动人类社会普遍重视个人隐私、数据安全等多方面综合治理议题，以数字平台为主要特征的传统数字经济形态将可能演化为去中心组织形态，对跨境数据流动监管带来新的挑战。

数字全球化进程的加深不仅仅体现为数字经济的快速发展，其同样包含社会各界对于个人隐私、数据安全等数据治理议题的关注和认知的变化。例如，20世纪90年代以前，绝大部分公司内部普遍没有任何的数据保护机制；但就目前而言，设立专门的数据保护专职人员、建立专门制度已经成为许多公司的标准动作。曾经被忽略的隐私规制、数据保护等价值理念和制度设计已经转变为政府和公司的工作重心和标准配置。社会认知的改变，将对数据流入或流出的公共政策目标产生重大影响。一方面，针对数据流入而言，满足国内治理需求的规制需要在更高层面、更广范围拥有全球视野，关注国际上对于数据治理的基础共识，以使得我们具备参与国际对话和国际制度设计的能力和空间。另一方面，针对数据流出而言，毫无限制的数据自由流动不是时髦的口号，要求对数据流动进行规制已经成为各国共识，问题的关键则转变为如何找到各国"最大公约数"，进而实现制度创新。

2. 数字平台催生去中心化组织形态，形成新的监管挑战

新一代信息技术的发展将从两个方面改变数字平台业态，并随之对跨境数据流动治理产生影响。一方面，建立在大量数据积累基础上的人工智能技术，将催生更为庞大和集中的数字平台。数字平台将成为控制数据流动的中介与瓶颈。在此意义上，跨境数据流动的监管将从数据本身转移到数字平台，制度约束可能成为更加重要的监管模式。另一方面，以区块链技术为代表的去中心化技术平台正在逐渐展现其潜力，以社区形式维护平台运营而非以公司形式控制平台核心的组织模式，对建立在"核心计算—边缘计算"双层结构基础上的数字平台产生了冲击，新的监管议题正在显现。

基于区块链的去中心化平台不能成为有效的问责对象，因而可能造成监管目标的"失准"。具体而言，监管者可以责令社交媒体平台禁止输出个人信息数据，但对于去中心化平台而言，监管者却可能找不到合适主体来实现对于个人信息数据的控制。尽管上述议题尚未成为事实上的监管挑战，但伴随区块链技术的快速发展及相关业态的不断成熟，与之相伴的数据流动监管挑战仍然是需要面对并认真做好的重要方面。

（三）制度变革：多重管辖冲突，国际治理体系呈现碎片化

1. 世界各国普遍出现加强跨境数据流动监管力度的趋势

长久以来，"自由、开放"被视为互联网精神的核心要素而受到以美国为代表的治理主体的推崇。但伴随着互联网的普及发展，"自由、开放"的互联网治理理念并未带来理想中的"创新"与"繁荣"，反而出现了越来越多的"治理乱象"。据不完全统计，全球已有超过135个国家（地区）出台数据保护的法律法规，其中大多数涉及跨境数据流动。

在此时代背景下，网络空间全球治理诸多议题都面临变革进程。跨境数据流动监管复杂性增加，传统监管机制面临多层次、多维度的影响。一方面，通过技术监管以直接限制数据流动的方式，因透明性较弱可能会引发数据监管和安全方面的担忧，或将遭受其他国家的倒逼压力；另一方面，更多聚焦国内数据治理政策目标的传统思路，将因为跨境数据流动牵涉更大范围的数字经济、数字技术发展问题而不得不考虑全球因素。

案例二 国际峰会观点论战

2018年11月，法国总统马克龙在"互联网治理论坛（IGF）"上发表讲话，开宗明义地指出"互联网已经到了一个'转折点'"。在他看来，互联网正面临着三个方面的重大威胁：互联网的稳定性和安全性正在受到网络犯罪和网络攻击的影响，互联网内容和服务正在大规模地被不法分子利用，互联网并不必然导向人类社会基本权利的实现。正是基于这种判断，马克龙要求推进互联网全球治理改革，建设一个"自由、开放、安全"的互联网。马克龙提出的改革措施包括加强公民隐私数据保护、加强合法内容和有质量内容治理、加强网络安全治理等方面，而其核心要义则是要求加强政府对于互联网的规制责任和力度。

与马克龙类似，"G20大阪峰会"同样针对互联网治理议题提出了改革方案。该峰会数字经济特别会议针对数据跨境流动治理问题，发布了《可信赖的数据自由流动》（*Data Free Flow with Trust*）宣言，试图对数据跨境流动的全球治理提供标准化的一致性规则，使得数据在自由流动的同时，在个人隐私、知识产权、网络安全等方面同样可以得到更好的保护。大多数与会

国家都签署了该宣言，并同意将其纳入 WTO 部长会议，以在未来讨论具体的改革方案。

马克龙在 IGF 讲话和 G20 大阪峰会事实上反映了当前互联网全球治理的变革趋势与进程。传统的强调"自由、开放"的互联网治理理念，已经被"安全、可信"的互联网治理理念所补充、完善。就具体的跨境数据流动全球治理议题而言，加强政府规制，推进安全、可信赖的跨境数据流动治理规则建设，将成为未来的发展趋势，而其自然也将成为各国的政策重心。

2. 跨境数据流动或强化双边或多边形式的国际治理制度变革，碎片化导致执行难度增大

数据承载的多重属性使得跨境数据流动全球治理与其他全球化议题紧密相关。重要行业数据涉及的数据安全议题，个人隐私数据涉及的数据权利及跨国司法协助议题，业态数据涉及的数字经济相关议题，都是近年来全球化的热点、焦点议题。不同议题的相互交叉，使得跨境数据流动全球治理制度变革的复杂性大大增加，同时其往往被纳入其他全球化议题进程当中，也反过来使得跨境数据流动本身改革受到其他议题的牵制。例如，2019 年 G20 大阪峰会提出，将跨境数据流动全球治理规则的制定置于 WTO 多边谈判框架之下，虽然有利于形成可预期的改革进程，但 WTO 本身改革的困难也将同样影响跨境数据流动全球治理规则的谈判。

正是因为这种议题的交叉性，才使得跨境数据流动全球治理不同于其他互联网全球治理议题，更多地被置于双边或多边而非多利益相关方的框架下展开讨论。换言之，主权国家逐渐成为跨境数据流动全球治理的主要乃至重要参与主体。近年来国际局势不确定性的日益增加，使得在多边框架下取得改革共识的难度大大提升，以双边协议为主的跨境数据流动治理框架逐渐成为主流。

值得注意的是，双边或多边谈判的影响并不局限于形成国际治理协议，往往反过来会促进国内数据治理制度的变革。例如，在欧盟《数据保护指令》的影响下，包括加拿大、澳大利亚、日本、阿根廷在内的 40 多个国家都改革了国内的法律体系，建立了与欧盟类似的监管体制。就我国而言，在跨境数据流动领域尚未出现因双边或多边谈判而反过来影响国内制度变革的案例。但是伴随着我国数字经济体量的不断增加，这一影响趋势可能将日益明显。

目前，跨境数据流动在国际层面尚未建立一个具有兼容属性的统一标准和框架体系，导致当前的国家层面、双边或多边关系层次的跨境数据流动规则呈现重复性和碎片化的特点，不利于规则的落地实施。这导致跨境数据流动面临既需要符合多个国家甚至多个区域性的监管要求，又找不到一个统一的标准和方式，最终陷入"多头执法""无法可依"的状态。

案例三　国际协议和区域协议的碎片化

例如，WTO框架下目前并没有专门对跨境数据流动进行规制的条款或规则，针对规范各成员的限制，需要逐案分析、逐案确定，在专家组/上诉机构进行法律选择适用时，首先需要对数据流动所涉贸易类型进行划定。又如，在关贸总协定（GATS）服务贸易中所产生的"中国电子支付服务"（China-Electronic Payment Services）案，界定中国在"所有支付和汇划服务"部门下的承诺时，主张无论是否在减让表的部门或分部门中被列举，跨境电子支付中所产生的服务行为，都认定为消费者与服务提供者之间的数据流动。据此裁定中国的电子银行支付卡措施是对"跨境存在"及"商业存在"义务的双重违背。但目前判定依据是《联合国核心产品分类》，数据有关子目代码仅涉及数据处理、传输服务内容，故难以将服务提供者的云计算服务、电子支付服务进行规制，从而导致规范出现适用对象和范围的不确定性。区域性协定也存在困境，比如TPP主要规制跨太平洋领域的跨境数据流动等无法对跨太平洋协定范围外的国家进行适用。显然，屡见不鲜的区域性协定签订，也无法具有普遍的适用效力。

---

3. 多重管辖冲突普遍化，对跨境数据流动传统监管方式带来复合型挑战

跨境数据流动引起了全球各国的普遍重视，G20大阪峰会提出的"大阪轨道"旨在持续推进形成跨境数据流动全球治理的基本共识。尽管当前基本共识的具体内容尚不明确，但结合国际形势的未来发展来看，以制度约束影响相关主体而非直接采用技术监管的方式，可能会成为重要原则之一，其原因包括两个方面。

一方面，技术监管本身的透明性较弱，并因而可能引发数据监控、数据安

全的担忧。要实现"可信赖的跨境数据流动",其首要前提是数据规制和执行机制的透明性。只有数据流出方能够明确了解数据流入方可能采取的规制行为,跨境数据流动的信任关系才能建立起来。但无论是数据本地化的要求,还是内容自动检测与阻断,技术监管的内在机制往往需要作为国家秘密而受到保护,因而不能满足透明性要求。

另一方面,技术监管的本质是"切断"数据流动,而非在一定条件下允许甚至推动数据流动,因而与强调数据流动重要性的国际共识不符。在数字全球化不断加深的背景下,数据流动的必要性已经为各国所接受,当前的重点是如何在保证安全、可信赖的前提下,推动跨境数据流动。换言之,跨境数据流动全球治理强调的是对数据流动现象的"管理",而非"中止"。正因为此,技术监管的重要性将伴随着跨境数据流动全球治理基本共识的形成而降低,并逐渐转换为"最后一道防线"的职能或角色。

在数据传输的全过程中,借助大数据这一外在技术媒介,会使得信息创造者、接收者、使用者,信息发送地、输送地及目的地,信息基础设施所在地,信息服务提供商的国籍及经营所在地等实现信息同步传输,导致不同利益主体产生交互重叠关系,进而产生冲突。跨国公司在提供云服务时会采取多国任务分配机制,囿于数据的不可分割性,不同国家可掌握同一条数据,云计算结果及云储存空间的归属难以判定。数据主权归属不清晰,往往导致数据信息受到多个不同国家法律所管辖,各国法律规制不尽相同,云公司可通过信息转移达到逃避国内规制目的。该情形涉及涉外数据侵权之诉的法律适用选择,对数据主体而言,寻求救济时难以确定侵权行为地;对数据处理者和使用者而言,缺乏确定性和可预测性。国际社会并未对各国的数据主权管控范围进行明确划分,且国际统一规则的制定也尚处空白。因而,各国作为"理性经济人",对获取和管控本国重要数据及本国国民、企业等在他国的数据会持有最为积极的态度,从而加剧了交叉重复管辖的矛盾。

案例四　我国科技企业频繁遭遇他国制裁

2018年以来,美国持续、频繁地对我国中兴、华为等高科技企业采取多重制裁手段,包括技术管控、立法禁止采购和参与5G建设、开展制裁等。不仅如此,美国还推动欧洲国家和加拿大、澳大利亚等国家联合采取抵制华为

5G 技术的行动。2020 年 6 月 30 日，印度封禁了 59 款中国 App，印度电子和信息技术部声称，相关 App 以未经授权的方式窃取和秘密传输用户数据到印度以外服务器，有损"印度主权和完整、印度国防、国家安全和公共秩序"，根据印度《信息技术法案》第 69A 条"禁止访问规则"予以封禁，理由是破坏了经济活动和法律环境。在一定程度上，该条款体现出了国外抵制我国技术和科技数据的运用。

案例五　GDPR 首例涉中国数据跨境案

2021 年 5 月 6 日，挪威数据保护监管机构（Datatilsynet）发布公告称，因 Ferde 公司向位于中国的数据处理者非法传输机动车驾驶者的个人数据，该机构拟对该公司处以 500 万挪威克朗（约合 392 万元人民币）的罚款。公告强调，Ferde 公司在开展数据传输时，没有按照欧盟 GDPR 第 28(3)条的要求签署数据处理协议；并且，该公司在以人工方式处理超过 1200 万张涉及汽车牌照数据前，没有基于 GDPR 第 32 条对处理过程安全性的要求进行风险评估。

此外，监管机构经过调查发现，Ferde 公司在 2017 年至 2019 年间将数据传输至中国的行为，缺乏适当的合法性基础，进而违反了 GDPR 第 44 条对数据跨境传输原则的规定。公告称，该处罚并非最终决定，监管机构将在收到 Ferde 公司的反馈意见后，正式作出结论。

三、我国数字经济发展：内部挑战

梳理研究发现，中国当前已经初步建立了跨境数据流动规制的基本制度框架，形成了"分散立法+专门规定"的制度框架，体现出"鼓励流动为基础、重要数据加强审批"的基本特点。构建了覆盖法律、行政法规、部门规章、司法解释和标准指南的全体系法律规制架构，全面覆盖了不同效力阶层的法律法规文件的特点。

《网络安全法》作为网络安全领域的基本法，首次明确了针对个人信息和重要跨境数据流动的制度框架，基本确立了针对关键信息基础设施运营中收集和产生的个人信息和重要数据以本地存储的基本原则，以"确因需要"且符合"安全评估"为条件允许向境外提供。随后,为配合《网络安全法》的实施,2017年国家网信办发布了《个人信息和重要数据出境安全评估办法(征求意见稿)》和《关键信息基础设施安全保护条例(征求意见稿)》,将数据出境安全评估的责任主体从关键信息基础设施运营者扩大至所有网络运营者,同时确立了安全评估的适用范围、评估程序、监管机构、评估内容等基本规则,构建了个人信息和重要数据出境安全评估的基本框架。

除一般性规定外,我国在主要领域也已建立相应的跨境数据流动基本规则,对特定行业予以约束。目前,我国的跨境数据流动规定已经覆盖银行金融、医疗卫生和健康、共享经济、学术资源等多个领域,对于涉及国家安全、数据主权的重要数据,大多采取了禁止流动为原则、允许流动为例外的规则。值得注意的是,尽管我国在跨境数据流动的法律规制方面已取得一定的成效,但仍面临多重挑战。

(一)立法工作仍待继续完善

目前,我国关于跨境数据流动的规制体现在《中华人民共和国网络安全法》和《数据安全法》的有关规定中。例如,《网络安全法》第37条初步界定了关键基础设施的运营者和数据境内存储。《数据安全法》则从重要数据出境审批、域外适用效力等多个角度进行了规定。《网络安全法》和《数据安全法》相关的配套细则等规范性文件虽然规定了一些跨境数据流动的监管内容,尤其是落实的细则,但是目前这些文件大多处于征求意见稿阶段,尚未形成正式的生效文件,仅具备一定的指导意义,无落地生效实施的效果。此外,目前我国有关跨境数据流动的立法文件主要是针对不同的行业和领域进行的特定性的规范,侧重于国家数据主权和数据安全的保障,特定领域包括医疗卫生和健康、科学数据和学术研究、银行金融、地图数据、人口和档案、电信与互联网信息、共享经济等。一般来说,法律主要是针对已出现的现象进行规范,虽具备一定的前瞻性,但都不同程度上存在一定的滞后性。我国在跨境数据流动监管方面的立法相关工作,未来或将从实施细则、指南规范、统一性宏观规范等多方面展开,助推我国跨境数据流动法律监管体系的不断完善。

（二）国际合作和参与度仍待提升

目前，我国的跨境数据流动规制主要依靠国内的立法规制，国际合作和参与度仍有待提升。在双边贸易领域，我国当前已与 26 个国家或地区签订 19 个自由贸易协定。但只有中澳及中韩的自由贸易协定中出现了对数据保护的规定，且具体的内容也仅为原则性规定，未出现明确的保护规则。在《中澳自由贸易协定》(Free Trade Agreement，FTA）中，由于双方个人信息保护体系确实存在较大差异，我国仅提出对于电子商务用户的个人信息应当采取合适必要的措施给予保护。虽然现有的 WTO 规则对数据跨境传输几乎发挥不出作用，但在多个国家主动提出有关跨境数据流动议案的背景下中国至今尚未向 WTO 提案。目前，我国已成为《APEC 隐私框架》的重要成员之一。该框架虽无强制约束力，但其确立的跨境隐私规则体系 CBPR 是当前多边监管合作中较为成熟的机制，有助于企业向欧盟成员国数据保护监管机构申请"约束力企业规则"等数据跨境认证，对我国的数据跨境发展具有积极的影响。

目前，我国跨境数据流动主要依靠单边规制和国内法，这对于数据的跨境流动和保护来说都是远远不够的。双边及多边合作对话的缺乏，会造成我国在关于跨境数据流动问题上的国际话语权不足，将对我国数据与他国数据跨境之间的传输流动造成阻碍，公民的数据信息及隐私权利得不到维护，企业的国际贸易自由和发展也会受到波及。

值得注意的是，我国的个人跨境数据流动主要通过数据安全评估和数据本地存储两种方式来进行规制，目前，我国尚未与其他国家签订专门针对跨境数据流动的双边或多边协定。面对国际社会多样化的数据治理格局，尤其面对欧盟严苛的个人跨境数据流动标准，以及我国"一带一路"倡议之下日益增长的国际贸易往来的需要，我国数据出境方式的局限性对跨国业务往来中涉及的数据传输问题造成了一定的现实阻碍，也使得我国在国际跨境数据流动规制体系中处于弱势地位，不利于我国与他国之间的贸易往来。此外，面对全球数字经济一体化的趋势，保守的数据出境规制方式有可能形成跨境数据流动壁垒，在一定程度上限制跨国贸易和产业创新的发展。

（三）行业自律性仍待加强

根据麦肯锡发布的研究报告，中国拥有庞大的经济体量及全球最活跃的数字化投资与创业生态系统，全球 1/3 的"独角兽"企业来自中国。作为拥有全球最大的电子商务市场的中国，其任何举动均会对全球数字化格局的塑造起着十分重要的作用。然而，在跨境数据流动领域，中国的总体规模依然十分有限。据麦肯锡统计，中国 2018 年的宽带数据流动总量仅为美国的 20%，这对于拥有庞大数字经济体量的中国而言规模可谓小之又小。此外，在市场交流方面，我国企业一直难以真正被欧洲市场所接纳，这与我国企业在数据的处理方面离欧洲的法律要求尚有差距不无关系。面对极其重视个人数据保护的欧洲市场，我国企业在行业自主性及合规意识方面明显落后。

此外，我国有关跨境数据流动领域的法律文件梳理也显示，目前我国在跨境数据监管方面的法律法规主要为法律、行政法规、部门规章、司法解释和国家标准，在行业领域尚无较为重要的行业指南和指导标准。2018 年 3 月 30 日，"中国跨境数据通信产业联盟"正式成立，中国信息通信研究院、工业和信息化部信息通信管理局、中国电信、中国移动、中国联通等 10 家正式会员单位、23 家观察会员单位共同参与。该联盟的宗旨是：为更好地推动我国跨境数据通信业务发展，规范跨境数据通信行业秩序，同时保障跨国企业的合法权益，维护公平和谐的市场竞争环境，促进多方合作共赢，推动行业自律、有序、公平、健康发展。公开资料显示，目前该联盟在跨境数据流动方面暂无较为重大的举动，发布的行业自律承诺书也只是提出了 12 条原则性、概括性的承诺。总的来说，我国跨境数据行业在自律方面仍缺乏有效的行动。

本章参考文献

[1] 金朗. 个人数据跨境流动法律规制探究[D]. 兰州：兰州大学，2020.

[2] 王婷婷. 跨境数据流动法律问题研究[D]. 郑州：郑州大学，2020.

[3] 陈咏梅，张姣. 跨境数据流动国际规制新发展：困境与前路[J]. 上海对外经贸大学学报，2017，24（6）：37-52.

[4] HOEKMAN B, MEAGHER N. China-Electronic Payment Services: discrimination, economic development and the GATS[J]. World Trade Review, 2014(2): 409-442.

[5] HEINEGG W. Territorial Sovereignty and Neutrality in Cyberspace[J]. International Law Studies, 2013(89): 132.

[6] 杜雁芸. 大数据时代国家数据主权问题研究[J]. 国际观察，2016（3）：1-14.

[7] 安宝双. 跨境数据流动：法律规制与中国方案[J]. 网络空间安全，2020，11（3）：1-6.

[8] 叶新苑. 我国跨境数据流动的法律规制[D]. 合肥：安徽财经大学，2020.

[9] 王璐璐. 数据跨境流动法律规制研究[D]. 成都：四川省社会科学院，2020.

[10] 韩静雅. "本地化贸易壁垒"法律规制研究[D]. 北京：对外经济贸易大学，2016.

第六章
我国跨境数据流动的规制建议

2017年,《经济学人》杂志曾评论称,"世界上最有价值的资源不再是石油,而是数据。"随着数字经济蓬勃发展,数据价值飙升,越来越多的国家通过或宽或严的规制手段,尽力将这一战略资源保留在本国的控制之下。同时,数据治理国际规则的缺失更强化了有关数据主权的讨论。跨境数据流动规制不再仅仅是关乎公民权利保护的问题,而是关乎国家安全、经济发展与国家竞争力的重大决策。然而,数据显然又不同于石油等传统资源,流动是其生命周期中的重要一环,也是其发挥价值的起点。只有在自由的流动中,数据才能充分创造价值。跨境数据流动作为当今数字贸易的关键要素,更面临着海量数据交换的现实需求。因此,如何在确保数据安全的基础上,充分激发数据价值已成为各国政府跨境数据流动规制的重要课题,也是我国在新形势下不得不直面的难题。我国应该在充分认识大数据和数字经济的客观规律的基础上,明确治理思路,完善法律法规和监管方案,吸纳先进技术监管手段,鼓励行业自律,积极参与国际合作,形成跨境数据流动规制的中国方案,构建具有中国特色的数据治理体系。

一、基本思路：立足安全、重视自由

（一）规制目标和原则

互联网的根本之处在于信息的交流,网络空间治理归根到底是对数据的治理。跨境数据流动规制虽然面向国际数字贸易,但是其本质属性上是一个互联

跨境数据流动：全球治理趋势与我国规制策略

网治理的议题，遵循一国互联网治理的基本原则和逻辑。在跨境数据流动监管领域，我国应以建设数据强国和网络强国为战略目标，以保护国家数据安全、维护人民权益和促进社会经济积极发展为宗旨，积极、稳妥地推动我国数据资源的开发、开放和跨境流动，构建安全有序、合作共赢的跨境数据流动规制框架，建立和完善有中国特色的数据治理体系。

习近平总书记曾强调，"要切实保障国家数据安全。要加强关键信息基础设施安全保护，强化国家关键数据资源保护能力，增强数据安全预警和溯源能力。要加强政策、监管、法律的统筹协调，加快法规制度建设。要制定数据资源确权、开放、流通、交易相关制度，完善数据产权保护制度。要加大对技术专利、数字版权、数字内容产品及个人隐私等的保护力度，维护广大人民群众利益、社会稳定、国家安全。要加强国际数据治理政策储备和治理规则研究，提出中国方案。"《网络安全法》第18条规定，"国家鼓励开发网络数据安全保护和利用技术，促进公共数据资源开放，推动技术创新和经济社会发展。"《数据安全法》第11条规定，"国家积极开展数据安全治理、数据开发利用等领域的国际交流与合作，参与数据安全相关国际规则和标准的制定，促进数据跨境安全、自由流动。""十四五"规划提出，"营造良好数字生态。坚持放管并重，促进发展与规范管理相统一，构建数字规则体系，营造开放、健康、安全的数字生态。加强数据安全评估，推动数据跨境安全有序流动。"从以上讲话和文件精神可以看出，我国已经形成了"立足安全、重视自由"的跨境数据流动规制原则。

从全球层面来看，虽然安全和自由还难以完全实现，但目前各国的规制体系均以这两个目标之间的平衡作为规制的宗旨，区别仅在于平衡点位置的选择。我国形成"立足安全、重视自由"的规制原则，表明在各国"数据自由"和"数据管控"的争议中，中国坚定地选择了"数据自由"，剔除了中国是数据本地化最严苛国家的误解；在各国林林总总"管控事由"中，中国删繁就简地选择了"安全"，锚定了数据主权的底线。这是具有中国哲学智慧的重要贡献。

当然，我们也应该看到，"数据安全、自由流动"原则的落实尚待具体化，与既有制度的冲突也有待弥合。如前所述，目前我国相关法规侧重于保护国家数据主权安全，采取了相对严格的规制措施。这是目前基于我国现实环境、诸多得失因素考量下的有限理性选择。对于正在快速发展的新兴国家来说，在面临相对较高的网络风险和相对较弱的国内信息技术产业竞争力的条件下，优先保障发展和安全是最为重要的目标。但这并不意味着我国不重视数据自由流动。事实上，我国已在国际和国内平台以实际行动支持数据自由流动。我国于2019年在G20大阪峰会上签署《数字经济大阪宣言》，积极回应了其中"基于信任的数据自由流动"（Data Free Flow with Trust）的倡议。2020年，我国促成并签署的《区域全面经济伙伴关系协定》（RCEP）第15条申明："不得阻止基于商业行为而进行的数据跨境传输。"在近期的地方性立法中，上海、深圳、北京、海南纷纷出台便利数据跨境流动的试行办法，贵州还提出了加快建设数字丝路跨境数据自由港的政策目标。

（二）规制思路

1. 坚持战略思维，构建有中国特色的数据治理框架体系

跨境数据流动虽然面向国际贸易，但也是一国数据治理的重要内容，涉及政治、经济、社会、技术、文化等诸多方面。因而对跨境数据流动的规制不可能局限于数据流入和流出环节的监管，而应从发展战略出发，立足经济社会发展根本和全球数字化变局，着眼数字经济长远发展，充分考虑国际数据流通需求，发挥国家治理和社会治理多重效能，构建有中国特色的数据治理框架体系。

2. 坚持辩证思维，平衡跨境数据流动三组关系

一是平衡数据流向的"出"和"入"的关系。兼顾数据"流入"和"流出"两个方面，将"拿得到，护得住"作为数据跨境流动管理的基本思路。在数据流入方面，在安全与发展并重的数据跨境流动方针的引导下，推动数据流动共享，促进我国数字经济发展。在数据流出方面，加强数据安全保护和出境评估，避免重要数据和个人敏感信息非法出境危害公民合法权益和国家安全。

二是平衡数据政策"宽"和"严"的关系。事实上，世界上不存在对数据跨境流动不做任何限制的国家。因此，问题不在于是否"限制"，而是"限制"的范围与程度。平衡数据政策"宽"和"严"的关系，最具代表性的讨论是平衡数据本地化与产业发展的关系。面对海量数据的跨境流动需求，既要保障数据安全，又要把握好数据本地化的程度和执法力度，避免挤压企业生存发展空间，鼓

励支持市场主体利用数据开拓创新，创造价值。

三是平衡监管路径的审慎性和包容性的关系。尽管跨境数据流动治理有多重的政策目标，但在现阶段应以保障国家安全、维护国家主权为优先目标，其他目标的实现均应以国家主权、国家安全为基础。因此，对于重要数据，必须坚持审慎原则。此外，公民的个人数据隐私权与国家主权紧密相关，且一旦泄露会造成严重的欺诈风险，同样需要坚持审慎原则。在这一原则的基础上，构建更加开放、包容的跨境数据流动规则，探索构建合法合规的跨境数据流动通道，加速新产业、新业态、新模式融入全球化大局，建立与我国数字经济发展战略目标、领先地位相适应的跨境数据流动治理体系。

3. 坚持创新思维，探索引入新型治理理念

跨境数据流动是科技创新发展的必然结果，其治理也应顺应时代创新大潮。我国在制定监管政策时，也应该利用创新思维方法，积极认识新生事物，敢于面对新问题，勇于探索运用新技术、新机制、新手段来防范和化解跨境数据流动中的风险，积极推动跨境数据安全有序流动，让数据流动更好地促进技术进步，服务数字经济发展。

4. 坚持底线思维，切实保障国家安全和人民权益

当前，数据已成为国家重要的战略资源，对跨境数据流动的治理能力关乎国家安全、产业发展和个人权益。习近平总书记曾指出，"网信事业要发展，必须贯彻以人民为中心的发展思想。"数据治理要以发展为导向，也要坚持安全底线，确保国家安全和个人隐私保护。数据流动的天然属性和经济全球化，必然会驱动数据在不同国家和地区之间频繁交换，但数据流动必须以安全为前提。我国应坚持底线思维，高度重视数据安全的意义，积极应对跨境数据流动面临的风险，坚决维护国家安全、产业发展和个人权益。

二、法规层面：明确定位、科学统筹

基于前述研究，中国当前已经初步建立了跨境数据流动规制的基本制度框架，形成了"分散立法+专门规定"的制度框架，构建了覆盖法律、行政法规、

部门规章、司法解释和标准指南的全体系法律规制架构，呈现各法律层级全覆盖的特点。然而，仍存在立法基础问题不清、法规统筹协调性不足、本地化规则有待完善、前瞻性立法研究不足等问题。

（一）厘清立法基础问题

明确基础性法理概念，明确立法定位和目标。数据权属、数据主权、数据法律性质等基础理论问题关系着我国数据安全路径的选择，并进一步关系到我国数据治理的实际效能。其中，数据权属问题在学术界和立法界争论已久。数据权属不是简单的归属问题、经济问题，而是一个关系到国家安全、公共安全、公民个人隐私安全、国际社会安全及人类社会公平正义的重要问题。目前，数据所有权、使用权等权利在国内外尚未形成共识和规则，从而带来了一系列安全隐患。我国需进一步加大对数据权属等基础性法理概念的研究，尽快对数据权进行必要的分类界定，从数据主权、数据人格权、数据财产权层面进行具体论述，明确其理论价值基础，以促进数据产业的健康发展。同时，《数据安全法》提出，"促进数据跨境安全、自由流动"，为跨境数据流动规制提出了基本原则。这一原则的提出既反映出对国家安全的高度关切，也彰显了在逆全球化和民粹主义兴起的潮流下我国坚持对外开放与国际合作的基本立场，为我国跨境数据流动立法指明了方向，这一定位在未来的立法工作中也应予以明确和强调。在此立法定位的指引下，我国跨境数据流动相关立法工作应以平衡安全和自由的关系为主要目标。一方面，以安全流动为基础，确保重要数据可控。明确重要数据认定标准，按照重要数据的重要程度、不利影响的严重性和持续性等因素划定认定范围；完善数据本地化规则，重要数据只有满足安全要求后方可出境；强化惩罚措施和惩处力度，通过提高针对侵权行为的惩罚性赔偿、禁止从事相关业务、吊销营业执照，甚至刑事处罚等手段以督促数据合规开展业务、打击数据犯罪行为。另一方面，以自由流动为保障，确保非重要数据可信。相较于重要数据，企业数据、个人数据等非重要数据相对芜杂，可能引致的损害相对较小，且自由流动的规模大、价值高。但这绝不意味着可以放任数据风险，而是应该给各利益攸关方设定全面、诚信履行承诺的义务，最终达成"可信的数据自由流动"。

（二）建立统筹协调的法规体系

加快立法进程，确立跨境数据流动充分性评估标准。我国应进一步加快数据立法进程，完善数据立法框架体系，通过立法手段确立跨境数据流动的充分性评估标准，为跨境数据流动的保护提供参考标准。具体而言，一方面，应加快推进《数据安全法》《个人信息保护法》等数据安全和个人信息保护顶层立法，完善跨境数据流动管理的上位法依据。目前，《数据安全法》《个人信息保护法》已经正式通过立法，填补了国内数据安全基础性立法的空白，具体实施细则仍需完善。另一方面，同步推进《个人信息出境安全评估办法》《关键信息基础设施安全保护条例》《数据安全管理办法》等配套规范，设置安全评估、例外事项、标准合同等多元数据出境途径，保障我国数据出境安全。

注重立法工作与我国法律体系的协调统一。我国的跨境数据流动相关立法，是数据治理立法体系中的重要组成部分，立法应注重统筹协调，以搭建科学的数据治理立法体系。一是重点制度设计有待进一步聚焦。《数据安全法》第11条为跨境数据流动提出了基本原则，后续配套制度应围绕这一原则作出具体的制度安排。二是应当处理好内部法律体系的协调问题，如《数据安全法》与《网络安全法》的协调，《数据安全法》应当解决《网络安全法》未能解决的问题，如数据的动态利用、数据分类分级、重要数据保护等问题。三是应当注意与安全类立法体系之外相关立法的协调，包括《出口管制法》《外商投资法》等，通盘考虑数据安全走向国际战略博弈工具背景下的制度设计。

明确跨境数据流动监管体系。应当进一步明确各级信息化主管部门在数据开发、利用，以及管理部门在数据开发、利用和管理工作方面的职责，强化其协调职能，改变事实上存在的若干部门多头管理的局面，减少和避免对数据资源低水平重复建设和开发、数据资源共享水平低等问题。同时，属地管理的力度还应该加强，数据资源管理方面的"纵强横弱"现象有其存在的理由，但也实实在在地成为严重制约数据资源共享和价值实现的因素，应尽快通过管理体制的调整予以克服。

（三）完善数据本地化规则

数据本地化是数据主权的规则表达。世界上大多数国家采取不同程度的数据本地化规则来维护国家安全和数据主权。目前，我国针对跨境数据流动的监管采取了严格的数据本地化规则。我国对数据安全的警惕主要是从国家核心利益层面出发的，是在总体国家安全观的框架下进行的。当然，数据本地化从本质上来说是最严苛的跨境数据流动规制方式，与跨境数据流动的目标和未来经济技术的发展需求是背道而驰的，也会给经济发展和国际贸易带来不利影响。同时，严苛的数据本地化要求有可能会引起国外对等性保护主义，中国企业走出去很有可能受到其他国家的同等限制。在不久的将来，中国互联网企业将大规模走向海外，基于对等限制的国外市场限制可能是今后中国企业面临的一个重要挑战。短期内，基于当前的需要，我们又不得不保持战略目标的优先性。从长远来看，我国的数据本地化要求有待降低，规则有待细化和完善。这一过程也是平衡安全和发展关系的关键一环。

我国在《网络安全法》中要求关键信息基础设施的运营者在中华人民共和国境内运营中收集和产生的个人信息和重要数据应当在境内存储，但具体操作实践规则仍有待细化。我国已在个别领域尝试制定数据本地化政策，如限制医疗健康、禁止位置信息数据出境等，面对我国数据本地化政策分散程度高及针对数据本地化政策的利弊分析，我国应在数据分类分级管理、跨境数据流动风险评估等配套管理制度的基础上，从两个方面着手完善我国的数据本地化规则，一是提高相关立法的统一程度，集中规定涉及禁止和限制出境的个人数据类型，提高数据跨境流动法规的指导性和应用效率；二是通过精细化管理降低数据本地化存储要求，为我国产业和经济发展提供必要的数据传输便利，建立以市场化为导向的数据保护自律机制，降低相关运营成本。同时，在保护自身数据主权的基础上，也可以寻求对数据本地化原则进行一定的突破，如在反恐、跨国走私犯罪、金融犯罪等领域，提供较为便利的可获得本地数据的途径，适当允许部分非敏感数据的非本地化。

这里值得一提的是，中国坚定地发展自己的数据本地化存储方案并不是要将自己游离于国际互联网治理体系之外，而是在自我保护的前提下参与国际交往。这种积极的国际交往诉求体现在立法过程和国家合作倡议之中。2017 年 6

月,中国(贵州)"数字丝路"跨境数据枢纽港启动建设,同年中国主导发起《"一带一路"数字经济国际合作倡议》,旨在拓展"一带一路"沿线国家的数字经济领域合作。数据跨境传输安全管理试点也在国家和地方层面开展探索。2020年,商务部提出在条件相对较好的试点地区开展数据跨境传输安全管理试点,指定北京、上海、海南、雄安新区负责推进。

(四)加强前瞻性立法研究

数据主权、跨境数据流动和数据本地化等理念的基础是围绕旧技术设计的政策和假设。物联网、云计算、大数据、人工智能、量子计算等新技术的成功皆以尽可能多地从各类来源大量、稳定且不断地获得的数据流为前提。在当今科技迅猛发展的形势下,跨境数据流动相关立法工作必定呈现滞后性特点。因此,除完善国内立法及缩小同国际标准之间的差距外,还应关切互联网技术的最新发展,及时对新型法律问题进行前瞻性研究和回应。例如,国外学者已经意识到物联网技术在数据收集上突破了数据主体对个人数据的控制,且不受限制地将数据传输到数据存储器和处理器中进行保存、分析等,因此建议构建一个可预测的法律机制,实现技术发展同个人数据保护之间的平衡。在互联网技术日新月异的当下,我国应鼓励立法者、实务界和学者联系起来,在坚持合法权益保护的前提下,从包容的视角对互联网进行规制,及时弥补社会发展、技术进步带来的法律空白。

三、监管层面:分级评估、丰富工具

2016年出台的《网络安全法》首次以国家法律形式明确了中国数据跨境流动的基本政策,2017年出台的《个人信息和重要数据出境安全评估办法(征求意见稿)》及其配套标准指南,为全面搭建数据出境管理框架奠定了基础。然而,相比于欧美已经较为成型、完善的制度体系,我国跨境数据流动监管存在核心制度供给不足、监管手段单一等问题。未来,我国一方面要不断完善数据分类分级、出境安全评估等核心制度;另一方面也应特别注意为多元化的跨境数据流动治理机制提供空间，为国内外企业提供多种合规化渠道，以调动并发挥多个治理主体的协同效能。

（一）建立数据分类分级管理机制

纵观国外针对跨境数据流动监管的规则，各国对庞大的数据群主要采取分类分级的管理模式。结合我国目前已经实施的跨境数据流动监管规则，无论是对部分数据进行本地化存储，还是对必要的出境数据进行安全评估，首先需要解决的基础性问题是区分数据的类型和等级，对数据进行分类分级管理。《数据安全法》第 21 条为我国制定数据分类分级管理办法提供了法律基础。然而，目前我国仅有工业、金融等部分行业主管部门发布了本行业的数据分类分级管理办法，国家层面尚未对数据按照来源、行业、应用场景、重要性、敏感程度等标准作出明确的、体系化的区分，分散的规定和模糊的定义对于跨境数据流动的监管和合规及数据安全管理造成了一定的困难。因此，对出境数据进行类型、级别和区域区分，加快出台我国数据分类分级管理办法，是建立我国跨境数据流动监管体系的前提。

1. 数据分类

按照数据的来源、功能等横向地对数据进行类型化的区分。数据从不同角度可以分析得出不同的信息，数据的重要性也因此会存在差异，为避免重复和遗漏，可以按照来源将数据分为政府公共数据、行业数据和个人数据三个大类。在此基础上，每类数据按照数据功能进一步进行颗粒度更细的分类。例如，针对个人数据，可按照数据的功能即涉及个人自然属性的数据（如个人姓名、生日、性别、民族）、涉及身份属性的数据（如家庭关系、婚姻状况）和涉及社会属性的数据（如教育工作信息、消费记录、通信信息、上网记录和位置信息）进一步对个人数据作出类型化区分。

2. 数据分级

按照数据的敏感程度、潜在影响等纵向地对数据作出重要性和敏感程度的区分。数据分类分级管理并不应该以分类为目的，而应以分级为目的。分级除考虑数据类型外,还需要考虑数据的敏感度、数据量、技术难度等其他因素。对于涉及国家安全、国家秘密和社会重大利益的数据,应采取最严格的数据管理措施,按照数据本地留存的原则,要求必须在中国境内存储和处理,禁止数据跨境流动;对于个人敏感数据,一般应当禁止流动,符合严格的安全风险评估条件和经过数据主体同意的情况例外;对于政府数据、一般性行业数据,应根据双边、多边协议,依据国内法规具体规定,经过安全风险评估,有条件地允许数据跨境流动,并与现有的网络安全和数据安全管理体系做好衔接;对于一般行业数据和一般个人数据,则可采取较为宽松的管理措施,通过合同监管在确保安全的基础上允许跨境流动,充分释放数据潜在价值,促进数字产业的发展。对于一些特殊领域的重要数据,通过一事一议、行政审批等强监管措施,保障国家安全、经济和社会稳定。对于应该限制或加强管理的数据,我国可以根据数据管理程度设置安全评估标准,并进行梯度化处理。合理规定应当禁止或限制数据跨境传输的具体管理办法,分层级规范实践中的跨境数据流动情形,能够帮助我国在国家安全和数据效益之间寻求平衡,最终实现最佳状态。

(二)完善数据出境安全评估机制

数据出境安全评估是我国采取的主要跨境数据流动规制方式,这一机制既关注国家和社会公共安全,又保障信息主体知情同意的权利,可以有效地平衡数据跨境共享和数据权益保护之利益诉求。《网络安全法》正式实施前,国家网信办于2017年4月11日发布了《个人信息和重要数据出境安全评估办法(征求意见稿)》,主要内容包括个人信息和重要数据出境需进行安全评估的适用范围、重点内容、流程、重新评估机制等,是《网络安全法》第35条关于数据(包括个人信息和重要数据)出境安全评估制度的配套部门规章。时隔两年,2019年6月13日,国家网信办发布了《个人信息出境安全评估办法(征求意见稿)》,是《网络安全法》专门关于个人信息出境安全评估方面的配套部门规章。我国现在已经依《网络安全法》的要求开始尝试制定结构相对完整的数据跨境传输安全评估制度,但是具体的措施还不甚成熟,评估方式存在启动情形不明确、企业自评估评价内容难度过高、评估方式类型比较单一、更倾向于事前审查等缺陷。我国亟待优化数据评估机制,制定统一客观、操作性强的跨境数据流动安全评估办法。

围绕数据属性和数据出境的影响程度确立安全评估内容。确立评估具体内容，预先设置跨境数据流动的申请"门槛"，有助于有跨境数据传输需求的组织机构、企业依照规定先进行自评估并提出相应的保障措施。在对安全风险的评估上，主要考虑出境数据的属性和数据出境发生安全事件的可能性及影响范围。在对数据属性的评估上，主要对个人信息及重要信息的类型、数量、范围、敏感程度和技术处理情况等进行评估。在对数据出境发生安全事件的可能性及影响程度的评估上，重点考虑以下三点：第一，数据转移方出境的技术和管理能力；第二，数据接收方的安全保护能力及在保障数据安全方面能够采取的措施；第三，数据接收方所在国家或地区的政治法律环境。同时，要兼顾评估和执法的灵活性。如果评估显示数据仅仅涉及数据安全，且申请单位提出了有效的保障措施，并不侵犯数据主体的合法权利，此时监管部门可以采取低门槛、重监管的方式。如果评估显示涉及国家安全、公共利益，此时监管部门应设立严格的申请门槛，或者禁止此项申请、要求数据必须存储于本地。评估的方式包括自评估和数据出境主管部门评估两种方式。

按照"出境目的—安全风险"确立安全评估流程。确立评估流程有助于监管部门严格依法办事、提高行政效率，通过透明、科学的评估程序维护我国数字经济的稳定和发展。在总体流程上，应该先评估数据向境外转移的目的，在对出境目的的评估上，主要评估是否符合合法性、正当性和必要性的要求。例如，评估数据出境目的是否符合法律法规规定，是否已经获得数据主体的同意，是否是履行合同义务、公务或开展业务等所必需的。如果通过目的评估，则对该数据进行出境后是否会存在被泄露、损毁、篡改、滥用等风险的评估，安全风险评估应该综合考虑出境数据的属性和数据出境安全事故发生的可能性。主管部门根据数据出境类型、数量和范围等酌情开展评估，相关部门可以在影响国家重大公共利益、国家安全等事项上启动评估程序。启动评估程序后，相关部门确定评估范围、制定评估方案并成立评估工作组，可以通过远程检测、现场检查等方式进行评估并形成主管部门评估报告。

通过第三方机构建立对跨境数据流动的风险评估机制。多国已经通过成立第三方认证机构的方式来实施数据安全评估，我国也可以通过第三方机构建立

跨境数据流动：全球治理趋势与我国规制策略

对跨境数据流动的风险评估机制，作为对其他互联网企业的参考。由第三方专业的隐私保护机构来负责认证，得到认证的企业获得认证标志，从而在国际贸易的交往中更具竞争优势。我国尽管有些大的互联网企业注重安全评估认证以适应国际潮流，但是国内仍有很多企业的数据保护意识不强、水平不高、能力有限。我国还没有类似美国 TRUSTe 和 BBBOnline 这样影响范围和专业程度能做到顶尖的隐私认证巨头企业，未来应该多发展第三方独立认证机构，提高认证中心的认证水平。

对于重要数据出境，需结合数据出境后的安全风险进行实地分析，根据数据出境实际场景，结合重要数据的定义及范围，综合考量数据出境后产生的风险及影响，对重要数据出境实施梯度化监管。一是借鉴国外数据分类经验，按照重要行业和信息主题分类标准，合理确定我国"重要数据"的内涵和范围，指导政府、信息通信、金融、交通等相关行业主管部门探索制定行业或领域内细化的重要数据列表或识别标准。二是以数据泄露、篡改或滥用对国家安全和社会公共安全的影响程度为标准划分"重要数据"出境的风险等级，在实施风险评估后确定高、中、低风险下完全限制出境、审批后限制出境和出境后备案等不同的监管方式。三是依托大型成熟跨境企业，共同研究行业级的跨境数据流动安全管理规范，在电子商务、金融、航空、云服务等领域率先推动行业跨境数据流动标准的出台，以此来带动整个行业的数据保护和数据流动，并积极推动我国的行业标准成为国际或区域性的标准。

进一步明确《个人信息和重要数据出境安全评估办法（征求意见稿）》和《个人信息出境安全评估办法（征求意见稿）》各自的适用范围和规制对象。通过《关键信息基础设施安全保护条例》对关键信息基础设施运营者和一般商业活动中的网络运营者进行区分，对重要数据和个人数据进行分离，实施数据分级管理措施。调整《个人信息和重要数据出境安全评估办法（征求意见稿）》的适用范围，其中以数据本地化为原则、以评估后传输为例外的规制措施，仅用于关键信息基础设施运营者或重要数据。而商业活动中网络运营商对个人数据的跨境传输，则由《个人信息出境安全评估办法（征求意见稿）》规制，以确保作用范围清晰，减少法规适用的矛盾与冲突，也避免混淆我国的"关键信息基础设施个人信息和重要数据出境管制"和一般探讨的"个人数据跨境流动规制"。以此为基础,尽力寻找数据保护与数据自由流动的平衡点,在确保个人隐私和数据安全的前提下,有序开放数字市场并进行数字贸易,使个人数据在安全的前提下充分实现商业价值。

实践层面选取典型场景开展安全评估。由监管部门积极选择典型场景和典型企业,开展安全评估试点实践。一方面,依托大数据安全审查制度,筹备开展数据出境安全评估试点示范,针对腾讯等重点互联网企业探索开展评估实践,指引企业加强数据出境安全保障能力建设。另一方面,结合国家标准研制等工作,组织企业开展评估方法验证,指导企业梳理涉及数据出境的业务清单、业务场景分类,开展典型业务数据出境安全风险等级判定等。

(三)探索多元化数据跨境监管机制

目前,安全评估仍然是我国数据出境评估机制的基本内容。总体来说,安全评估也是我国在跨境数据流动机制建立初期较为稳妥的选择。但过分依赖安全评估的跨境数据流动面临现实问题,如评估工作量大,实施有难度,在现实中恐难以适应海量数据跨境管理的需求;各国对国家安全的认识存在很大差异,没有全球统一标准,具体评价标准较难确定;加剧企业负担,导致数据流动的滞后性,阻碍数字经济的发展。此外,还容易被西方国家扣上"贸易壁垒"的帽子,对于我国企业"走出去"产生消极影响。长期来看,安全评估不应该被视为最终唯一的出境机制。从国外来看,跨境数据流动的管理也并非一刀切的模式,而是根据不同情形建立多元化的管理手段。例如,欧盟模式除充分性原则外,标准合同条款及约束性公司规则都是认定数据可以跨境流动的方式,弥补了充分性原则认定标准的认定难度大、获得认定的国家有限的弊端;美国为了确保互联网公司在欧盟市场的顺利运作,也通过与欧盟签订协议的方式遵循欧盟相关要求。因此,我国亟待探索多样化的跨境数据流动监管机制,可根据我国企业跨境数据流动的场景、需求、目的,增加标准合同、协议控制等方式,为企业创造良好的政策环境。

第一,落实合同干预制度。由政府监管部门牵头制定跨境数据流动标准格式合同。合同条款要明确不得跨境传输的数据类型,要求境内企业对其数据进行分类管理,境外企业不得通过各种方式获得法律、合同等禁止跨境传输的数据，合作双方均应遵守我国数据保护相关法律规定。要求合同必须适用于我国法律，并由我国司法部门管辖。涉及跨境数据流动业务的相关境内企业，应当依据标准格式合同与合作方签订合作协议，并将合同副本提供给主管部门备案。

第二，增加例外事项。从国际视角来看，无论是欧盟 GDPR 所规定的基于履行合同的需要可以作为出境的例外，还是俄罗斯的数据本地化存储的法律要求豁免旅游行业的 GDS（全球分销系统），一刀切的方式似乎从来都是行不通的。另外，零星的非敏感个人数据出境场景、个人主动对外发起的数据跨境传输、基于维护个人生命财产安全的跨境情形（如全球旅行 SOS）是否可以豁免也是值得探讨的话题。

第三，启动事后监管，制定救济措施。从救济的视角来看，可以从私法上对数据侵权责任的认定和损害赔偿等作出更加具体的规定。欧盟 GDPR 的严格性一方面体现在对数据接收方的"充分性认定"，另一方面则表现为其高额的惩罚机制。按照 GDPR 的规定，对于违反数据保护责任的企业，监管机构有权处以最高 2000 万欧元的行政罚款或相当于其上一年全球总营业额 4% 的金额的罚款，以两者中的较高者为准。经过几年的实践考验，欧盟相关数据保护机构对全球大型企业开出的巨额罚单的确形成了一定的威慑作用，促进了世界范围内对于规范个人数据跨境流动和对保护个人隐私权的重视。我国可以参照欧盟这一规定，将个人数据权益所包含的人格权损失予以物化补偿，给予与被侵权人物质损失同等的金钱赔偿待遇，同时通过设立数据侵权的惩罚性赔偿来督促企业数据合规业务的开展，提升全行业对数据保护的重视程度。

（四）设立专门的数据保护监管机构

纵观主要国家的数据安全监管实践和国际发展趋势，很多国家都已经设立了专门的数据保护监管机构。欧盟成立了欧洲数据保护委员会，取代此前的数据保护监管工作组，作为欧盟的独立监管机构负责执行 GDPR；俄罗斯由俄罗斯电信技术和大众传媒联邦监管局负责数据监管；日本由个人信息保护委员会专门负责监管等。同时，无论是完成 GDPR 的充分性认证还是加入 CBPR 规则，均要求有相对独立且专门的数据监管机构。独立且具有执法能力的数据监管机构已成为判断一国数据保护水平的重要考量要素。设立专门的数据监管机构，不仅可以明确数据执法机构的职权，有效保护和促进跨境数据流动，也是我国积极参与跨境数据流动的国际合作，获得国际认可，实现向国际数据安全保护标准看齐的必然要求。

目前，我国尚未成立专门的数据保护监管机构。我国对数据保护具有监管权力的部门包括国家互联网信息办公室、公安部、工业和信息化部、国家新闻出版广电总局等，由此容易产生权责不清、交叉执法、互相推诿、监管缺位的现象，无法对跨境数据流动作出有效监督。国家互联网信息办公室主要负责落实国家信息传输的方针政策，推动相关法制建设，做好统筹协调工作，并没有过多的实际执法权力，需要其他相关部门的配合。另外，国家网信办重点维护的也是数据安全，对于数据保护还是需要专门的数据保护机构或隐私执法机构。同时，跨境数据流动监管具有较强的技术性、专业性，我国目前"多头混治"的管理机制，难以提供高效的数据保护，也无法获得国际社会的认可。因此，我国亟待建立专门的、职责明确的数据保护监管机构。

数据保护监管机构应承担的职责包括四个方面。

一是统筹协调跨境数据流动政策体系。负责跨境数据流动的系统化制度安排，建立跨境数据流动安全评估和审批认证制度，确立测试标准，明确认证流程，细化审核程序；负责统筹不同行业主管部门联合开展针对跨境数据流动的安全检查和风险评估，督促指导各责任主体落实数据安全防护和出境管理相关要求，建立健全突发事件应急处置机制。

二是落实跨境数据流动监管措施。负责落实数据出境的安全评估，对数据跨境传输合同条款进行预先审查，对违规处理和传输数据、侵犯信息主体权利的行为进行调查、提出建议、要求纠正或作出行政处罚；加强对于数据安全评估环节的管控，以及数据收集、使用、存储、传输、筛选等全生命周期的监管，从源头上遏制非法处理个人数据的行为；负责建设跨境数据流动监控和预警平台，建立重要信息系统和关键数据目录，加强跨境数据流动监测管理，保障国家信息主权；负责推进跨境数据流动监管制度创新，对行业内重要数据或者大型互联网公司率先开展数据出境管理实践，可在海南自由贸易港、上海临港新片区等区域内先行先试，探索设立数字自由贸易港，加快制度创新。

三是对企业数据跨境合规性实施监督和问责。对内负责建立企业数据保护信用记录并定期检查企业的合规性措施,以及是否及时处理了数据主体的投诉,提升跨境数据流动管理的执法水平。对外作为跨境数据流动双边或多边区域合作机制的境内代理问责机构,负责对企业是否符合双边或多边机制的基本要求进行审查认证,同时也负责为消费者解决对企业隐私保护问题的投诉。

四是促进跨境数据流动对外合作。作为牵头部门负责增进国际交流讨论,积极参与国际规则制定,增强国际谈判话语权,增进数据跨境领域国际互信。同时,我国《网络安全法》采取有限的域外管辖的原则,有权管辖涉及危害关键信息基础设施的境外的机构、组织、个人。由于跨境数据流动活动本身具有长臂效应,欧盟、美国等数据出境监管法规都具有一定域外效力,因此,我国可以根据国情适当增加"长臂管辖"的范围,并由专门的数据保护机构承担执法权力。

四、技术层面：海纳百川、创新为道

（一）创新技术监管方式

除了制度建设,各类信息创新技术也是支持数据跨境合规有序、高质量流动的有效工具。跨境数据流动是科技创新的产物,其治理也应充分利用和依靠新技术、新应用。

首先,加强对于新技术尤其是人工智能的吸纳与使用,以应对不断增加的跨境数据流动频率与体量。技术监管的主要指导理念是识别重要数据并在此基础上限制其出境。伴随着跨境数据流动频率与体量的不断攀升,依靠人工或者传统模式进行数据识别及处理的成本与效率都难以满足监管需求。新技术的采用不仅是必然趋势,也是当前的紧迫要务。应加强技术研判,结合跨境数据流动监管业务需求,吸纳并使用新技术参与监管过程。

其次,加强对于新技术影响的跟踪评估,以有针对性地适时调整技术监管的方式和手段。信息技术的发展具有动态性,技术迭代的步伐可能在很短时间内造成既有技术监管方式和手段的失效,因此跟踪评估新技术的影响应该成为监管者首先要完成的基础工作。例如,数据本地化作为近年来各国普遍应用的技术监管方式,其目的在于确保数据安全;但区块链技术的兴起,以及在此基础之上的分布式数据传输和存储业态创新,都可能使得数据本地化存储要求流于形式。在新兴技术的冲击下,我国应该加强跟踪研究、提早评估准备。

再次,转变关于监管"边界"的认知理念,从聚焦主权国家边界转变为关注企业(或其他组织)主体边界。技术变革进一步模糊了数据流入和流出的"边界"概念。换言之,建立在主权国家地理边界基础上的"流入"与"流出"的区分,在云计算、人工智能等新一代信息技术的影响下,已经不再具有现实意义。跨境数据流动监管不能再以传统认知意义上的"地理边界"作为监管面,而应该聚焦数据生产、传输、处理的企业主体(或其他组织),并以此作为监管对象。

最后,布局完善产、学、研、用、投协同的数据安全科技创新生态,加强数据安全新技术、产品和服务的应用和推广。对数字基础设施进行安全加固,推进国产化部署,防范系统、网络后门及非法数据通道。推动数据加密、隔离、防泄露、溯源、销毁等技术研发,提升跨境数据流动全环节风险监测和安全防护水平,以实现数据系统攻不进、数据传输切不断、数据资产窃不走、数据滥用行为赖不掉的目标。鼓励研制具有行业针对性的数据安全防护和出境管理解决方案,组织开展重点领域试点示范,探索行业最佳产品和服务实践,推动技术创新、应用推广和产业化。

(二)最新技术支撑手段

目前,支付标记化技术、区块链技术、联邦学习等可以实现数据"可用而不可见""匿名化"等需求的数据脱敏技术将有力支撑跨境数据流动的技术监管,帮助实现数据保护和数据流动之间的平衡。

1. 支付标记化技术

支付标记化技术(Payment Tokenization)是由国际芯片卡标准化组织EMVCo于2014年正式发布的一项技术,其原理在于通过支付标记(token)代替银行卡号进行交易验证,从而避免卡号信息泄露带来的风险。支付标记化是使用一个唯一的数值来替代传统的银行卡主账号的过程,同时确保该值的应用被限定在一个特定的商户、渠道或设备。支付标记可以运用在银行卡交易的各环节,与现有基于银行卡号的交易一样,可以在产业中跨行使用,具有通用性。

其优势体现在三个方面：敏感信息无须留存；持卡人卡号与卡片有效期在交易中不出现，支付标记仅可在限定交易场景使用，支付更安全；支付标记化不仅可防范交易各环节的持卡人敏感信息泄露，同时也降低了欺诈交易的发生概率。前几年中国银联和苹果公司合作，在中国推出移动支付方案"苹果支付"，有人曾担心个人账户数据会泄露至国外公司，但实际上中国银联在设计中采用了支付标记化技术，有效规避了敏感信息泄露的风险。

2. 区块链技术

支付标记化技术将个人数据的"匿名化"交由可信第三方负责，而区块链技术则创造了用户完全自主可控的数据隐私保护新思路。用户的私钥可以本地生成，通过公钥计算发布有效的账户地址，从而隔断账户地址和账户持有人真实身份的关联。通过控制私钥，用户可以在区块链上自主完成交易，虽然在区块链网络上能够看到每一笔交易的细节，但无法对应到现实世界中的具体某个人。区块链技术从根本上打破了中心化模式下数据控制者对数据的天然垄断，赋予用户真正的数据隐私保护权。区块链技术还可与先进密码学技术结合，发展出各类隐私保护方案。例如，利用基于环签名、群签名等密码学方案保护签名方身份；采用高效的同态加密方案实现密文的多方处理，隐藏用户交易金额等敏感信息；采用零知识证明方案，使交易数据能被审查和验证，但又不能被真实探知。区块链技术这一自主可控的隐私保护新思路，值得跨境数据流动监管各方深入研究。

3. 联邦学习技术

谷歌在2016年率先提出的联邦学习（Federated Learning）技术，就是一种加密的可供跨境数据流动使用的分布式机器学习技术。它综合应用了多方安全计算、云计算、机器学习等各类技术，允许各参与者在不揭露底层数据的前提下，开展高效率的机器学习。联邦学习既实现了异构环境下跨数据中心的大数据分析，又充分保障了信息安全和个人隐私安全，有望成为下一代人工智能协同算法和协作网络的基础。

五、业态层面：激励自律、多元共治

（一）落实合同干预制度

从形式上来看，我国可以借鉴欧盟、澳大利亚的标准合同条款，在立法中提供数据出境标准合同范本，以方便数据传输相关方参考应用，引导企业在个人数据出境活动中，通过合同法律机制来管控个人数据出境风险，促进数据出境合同的实际推行。我国《个人信息出境安全评估办法（征求意见稿）》中首次规定了数据出境合同机制，即要求网络运营者与接收者签订的合同中，明确数据相关方的权利、义务。然而，该办法虽然借鉴了欧盟GDPR，参照了GDPR标准合同条款，但是实则有较大不同。GDPR中的标准合同条款仅是众多规制措施中的一种，且并不具有强制性。合同成立的根本标志在于当事人就合同的主要条款达成合意，所谓主要条款是指根据特定合同性质及当事人的约定所应具备的条款，而标的作为合同权利义务指向的对象，是一切合同的主要条款。数据出境合同的标的即为个人数据，个人数据的法律属性决定了数据传输各相关方的权利、义务，如采集和处理数据的方式、数据留存的期限、数据侵权的救济方式等，因此明确个人数据的法律属性构成了订立数据出境合同的基础，也为将这一新型合同纳入民法和合同法的调整范围提供了必要前提。

（二）激励企业自律

协调数据保护与数据自由流动的较好的做法就是形成激励驱动下的行业自律。如果法律制度缺乏激励，就会出现执行成本高、规制对象抵触、执行效果差、执行权威受损等问题。互联网企业的核心资产就是个人数据，企业有开发利用个人数据的动力，但是没有保护个人数据的动力，而且多点采集、多点使用与跨边界的特点使个人数据保护难度较高，这时如果强制要求企业去保护，并不能达到个人数据的保护效果。因此，应当将内部自律与外部监督结合，让企业主动承担更多的保护个人数据的责任，将个人数据作为企业需要，即将个人数据的安全嵌入企业的整体安全中，从而实现企业的健康、可持续发展。降低合规成本是激励制度的根本核心,政府提供制度上的保障,企业根据法律的规定提供相应的技术支持并披露他们确保用户数据安全的措施,即应该表明他们遵守了行业保护标准、通过了相关的安全审查并建立了解决数据泄露问题的途径等。此外,依法进行跨境传输其合法控制的个人数据的企业,有义务保护其持有的个人数据的安全性和其传输行为的合规性。政府与企业二者相辅相成和有效连接,从而保护跨境流动中的个人数据。自下而上的市场规制模式可以激励市场主体对个人数据的主动保护,辅之必要的政府审查与监管措施,有助于个人数据跨境流动多元治理模式的展开。

六、国际合作层面:积极有为、内外联动

跨境数据流动作为支撑全球数字贸易发展的基础,具有天然的"全球属性"。构筑跨境数据流动的规则体系必须立足于全球视野,国际合作对于未来网络空间治理和数据流动规则制定将产生重大影响。近年来,我国倡导建立"一带一路"经济带,积极参与区域全面经济伙伴关系协定谈判,致力于加强与各国的经济合作,也在跨境数据流动的国际合作层面不断探索。然而,目前我国在跨境数据流动领域的国际合作仍以理念层面为主,实践层面参与度仍较低,话语权仍有待加强。为了更好地推进我国企业走出去,充分发挥数字经济潜力,在数据跨境流动规则领域进行深度国际合作是不可避免的。同时,在国际统一的规则尚未形成的窗口期,我国更要主动参与国际数字经济和数据治理的大格局,在合作的过程中积极争取话语权,逐步形成一种基于中国立场、积极有为、内外联动的跨境数据流动规制模式。

(一)积极参与国际规则制定,主动发出中国声音

1. 加强国际交流讨论,增进数据跨境领域国际互信

积极参与 WTO 框架下跨境数据流动全球治理基本原则的讨论,系统总结中国发展需求,深入了解全球发展态势。就目前发展趋势而言,以 G20 大阪峰会为标志,WTO 已经成为制定跨境数据流动全球治理基本原则的重要平台。尽

管当前 WTO 自身改革困难重重，但在包括电子商务、跨境数据流动全球治理等新兴议题方面，WTO 改革的历史包袱较小，并仍然得到了绝大多数国家的支持。同时，考虑到当前多边主体已经在 WTO 框架下达成了电子商务议题谈判共识，而跨境数据流动又是全球电子商务的基础和不可或缺的重要组成部分，因此，未来 WTO 部长级会议上很有可能达成全球范围内的跨境数据流动治理共识，形成基础性原则。在此时代背景下，我们要抓紧研究，系统总结中国发展需求，并在广泛征求多方主体意见的基础上形成并提交中国方案，以更有利于我国掌握在推进国际治理制度变革过程中的话语权。

积极加入国际数据规则体系，增进跨境数据流动领域国际互信。积极参与 TPP、APEC、CBPR 等数据规则体系。APEC 隐私分组在 2007 年提出了《探路者倡议》，并决定根据该倡议建立 CBPR 体系。CBPR 以《APEC 隐私框架》为基础，是规范 APEC 成员经济体企业个人信息跨境传输活动的自愿的多边数据隐私保护计划。2012 年，CBPR 体系正式启动，截至 2021 年已经有 9 个 APEC 成员加入，我国尚未加入。CBPR 建立了一整套的执行机制和措施，成为当前多边监管合作中较为成熟的机制。日后，随着越来越多的经济体的加入，CBPR 将成为亚太地区个人数据保护的重要规则。作为 APEC 的成员经济体，加入 CBPR 体系对我国是具有长远利益的，不但能够提高信息从业者的数据隐私保护水平，增强数据主体的信心，有力推动中国数字贸易的发展，而且对于我国扩宽亚太地区的市场，以及提高我国在区域贸易和投资领域的地位大有帮助。

2. 借助双边和区域谈判平台，尝试构建符合我国利益的国际规则

探索灵活的合作方案，将跨境数据流动嵌入贸易投资协定中。当前，考虑到短期内各国无法形成相互协调的数据流动政策体系，因此，跨境数据流动政策将深度嵌入双边、多边的贸易投资谈判之中。我国应当积极探索多样、灵活的跨境数据流动规制方案，充分利用"一带一路"国际合作倡议等契机，在完善国内规则的基础上，启动跨境数据流动对外合作工作推进机制。在 RCEP、中日韩 FTA 等多双边贸易谈判中，增加跨境数据流动的谈判内容，积极与重要贸易伙伴达成跨境数据流动认证协定，在加强统筹的前提下，尽力实现跨境数据流动规则的统一，尝试提出符合我国利益的国际规则。

从双边协调和区域协调实践后逐渐向参与国际性规则制定过渡。我们可以借鉴美欧的双边协调机制,与重要贸易伙伴进行双边谈判。借助 RCEP、FTAAP 等区域谈判平台参与规则讨论,也可以与"一带一路"沿线国家就跨境数据流动规则进行双边谈判与协调。通过参与双边协调与区域协调的实践后逐渐地向参与国际性规则制定过渡。通过积极参与双边与区域性多边协调机制的实践,不仅能够完善我国数据保护规则的制定,而且能提高我国在国际上关于数据保护规则的话语权,更加有利于我国在制定全球性跨境数据流动规则上发出中国声音。

充分调动多方主体在重点领域实现合作,形成具有全球示范效应的最佳经验。尽管以 G20 大阪峰会为标志,WTO 框架下推进跨境数据流动全球治理共识取得了阶段性进展,但短时间内可能很难就跨境数据流动的相关治理原则达成多边基础性共识。数据的多重属性使得跨境数据流动全球治理成为个人隐私保护、公共安全维护、经济产业发展等各个领域相互交叉的复杂议题。在此背景下,我们要在多边主导的基础上,积极发挥多方作用,探索在各个领域实现局部突破。例如,利用"事件响应与安全团队论坛(FIRST)"推进网络安全领域跨境数据流动的治理方案,利用上海合作组织推进有关数字经济一体化方面的跨境数据流动治理方案等。

(二)加强制度创新,实现国内管理与国际规则衔接

探索制定对低风险国家地区的数据出境白名单。可以借鉴欧盟"充分保护"监管模式,按照出境国家地区政治环境、国际关系、数据保护水平等因素,对数据流入国进行数据出境风险等级的区分,将部分地区纳入可自由流动的国家和地区,允许个人非敏感数据流入满足安全认证要求的国家和地区,对相关国家实施个人信息保护及跨境数据流动的对等措施,构建跨境数据流动的信任体系,减少数据流动障碍。同时,针对数据出境主体的风险高地,制定特别管理要求,对于如外资企业、合资企业、境外组织机构等高风险主体,制定差异化数据出境管理要求,加强数据出境安全保障。

探索在特定区域发挥制度创新优势,设立数字自由贸易港。"十四五"规划提出,"稳步推进海南自由贸易港建设,以货物贸易'零关税'、服务贸易'既准入又准营'为方向推进贸易自由化便利化,大幅放宽市场准入,全面推行'极简

审批'投资制度，开展跨境证券投融资改革试点和数据跨境安全管理试点，实施更加开放的人才、出入境、运输等政策，制定出台海南自由贸易港法，初步建立中国特色自由贸易港政策和制度体系。"我国可考虑利用海南自由贸易港、上海临港新片区、深圳中国特色社会主义先行示范区等区域的制度创新优势，开展先行先试，探索设立数字自由贸易港，建立一个开放、透明且可操作的跨境数据流动监管体系。通过在特定区域建立跨境数据流动自由区，吸引涉及跨境数据业务的一批企业入驻，从技术和政策等方面完善跨境数据流动的解决方案，推动建设全球数据港。

探索建立"长臂管辖"机制。我国《网络安全法》采取有限的域外管辖的原则，有权管辖涉及危害关键信息基础设施的境外的机构、组织、个人。由于跨境数据流动活动本身具有"长臂效应"，欧盟、美国等数据出境监管法规都具有一定域外效力。因此，我国可以根据国情适当增加"长臂管辖"的范围，设计符合国家利益和中国企业全球化战略的执法数据调取方案，推动建立国际执法协作条件和框架，解决数据管辖冲突，打击境内外数据流动违法违规行为。

探索确立重点领域国际认证机制。为了促进海外业务的发展，我国一些互联网企业如腾讯、小米等，均已同 TRUSTe 建立了合作关系。可见，我国互联网企业已具有参与国际市场竞争的实力和需求，有实力的数字公司业已意识到隐私保护认证对其发展国外业务的重要性。我国应加强跨境数据流动国际认证，以互联网、工业互联网、车联网等重点领域数据出境为突破口，积极寻求与重要贸易伙伴通过双边、多边协议建立跨境数据流动认证等信任机制，推动建立区域统一的数据流动规则，打通跨境数据流动壁垒，形成数据流入汇聚效应。

（三）打造以中国为主的互联网国际治理对话平台

我国应以世界互联网大会等互联网国际治理对话平台为基础，积极推进跨境数据流动全球治理的相关讨论，鼓励国内多方主体发出中国声音、贡献中国智慧。除积极参与已有的国际合作平台外，我国近年来还积极打造由中国主导的互联网国际治理对话平台，其中尤以"世界互联网大会"为代表（其他还包括"中英互联网圆桌论坛""中德互联网经济对话"等）。尽管互联网国际治理强调多边参与、多方参与，但打造以中国为主的互联网国际治理平台仍然有利于发出中国声音、贡献中国智慧，促进其他国家、其他主体对于中国的了解，也促进我们积极参与互联网国际治理。

需要指出的是，打造以中国为主的互联网国际治理对话平台，并不意味着要在政府主导下一蹴而就地形成综合性、系统性的对话平台，更为实际且可行的路径还是在已有的、聚焦具体议题方面的国际治理对话平台的基础上，逐步扩大现有对话平台的影响力。例如，在网络安全和应急治理方面，国家互联网应急中心积极参与"事件响应与安全团队论坛（FIRST）"相关工作，并与其他国家建立了较为良好的合作、交流关系，且这种关系并未随着国际局势的变化而变化。因此，可以以此合作、信任的平台为基础，进一步将网络安全方面的合作推广至跨境数据流动领域，以渐进、逐步地扩大 FIRST 的影响力。

本章参考文献

[1] 刘金河，崔宝国. 数据本地化和数据防御主义的合理性与趋势[J]. 国际展望，2020（6）：89-150.

[2] 许可. 自由与安全：数据跨境流动的中国方案[J]. 环球法律评论，2021（1）：22-37.

[3] 梅宏. 数据治理之论[M]. 北京：中国人民大学出版社，2020.

[4] 黄道丽，胡文华. 中国数据安全立法形势、困境与对策——兼评《数据安全法（草案）》[J]. 北京航空航天大学学报（社会科学版），2020，33（6）：9-17.

[5] 理查德·泰勒. 数据主权和数据跨境流动：数据本地化论战[C]//张彬. 数字经济时代网络综合治理研究，北京：北京邮电大学出版社，2020：162-189.

[6] 金朗. 个人数据跨境流动法律规制探究[D]. 甘肃：兰州大学，2019.

[7] POSADAS JR D V. After the Gold Rush: The Boom of the Internet of Things, and the Busts of Data-Security and Privacy[J]. Fordham Intellectual Property, Media and Entertainment Law Journal, 2018(28): 67-108.

[8] 汪映天. 国家数据主权的法律研究[D]. 沈阳：辽宁大学，2019.

[9] 张舵. 跨境数据流动的法律规制问题研究[D]. 北京：对外经济贸易大学，2018.

[10] 李琴. 数据跨境流动的国际规制及中国应对[D]. 吉林：吉林大学，2019.

[11] 伦一. 澳大利亚跨境数据流动实践及启示[J]. 信息安全与通信保密，2017（5）：25-32.

[12] 叶新苑. 我国跨境数据流动的法律规制[D]. 蚌埠：安徽财经大学，2020.

[13] 颜恬. 欧盟个人数据跨境流动法律规制研究[D]. 上海：上海师范大学，2020.

[14] 魏薇，李晓伟，张媛媛，等. 国际数据跨境流动管理制度及对我国的启示[J]. 保密科学技术，2020（4）：25-28.

[15] 魏书音. 美欧数据跨境流动立法情况概述[J]. 网络空间安全，2019，10（8）：20-24.

[16] 何波，石月. 跨境数据流动管理实践及对策建议研究[J]. 互联网天地，2016（12）：29-32.

[17] 张茉楠. 数字主权背景下的全球跨境数据流动动向与对策[J]. 中国经贸导刊，2020（12）：4.

[18] 韩容. 个人数据跨境流动保护机制的域外经验与本土建构[J]. 京师法律评论，2019（1）：149-169.

[19] 姚前. 数据跨境流动的制度建设与技术支撑[J]. 中国金融，2020（22）：27-29.

[20] 张茉楠. 跨境数据流动：全球态势与中国对策[J]. 开放导报，2020（2）：44-50.

反侵权盗版声明

电子工业出版社依法对本作品享有专有出版权。任何未经权利人书面许可，复制、销售或通过信息网络传播本作品的行为；歪曲、篡改、剽窃本作品的行为，均违反《中华人民共和国著作权法》，其行为人应承担相应的民事责任和行政责任，构成犯罪的，将被依法追究刑事责任。

为了维护市场秩序，保护权利人的合法权益，我社将依法查处和打击侵权盗版的单位和个人。欢迎社会各界人士积极举报侵权盗版行为，本社将奖励举报有功人员，并保证举报人的信息不被泄露。

举报电话：（010）88254396；（010）88258888
传　　真：（010）88254397
E-mail：　dbqq@phei.com.cn
通信地址：北京市万寿路173信箱
　　　　　电子工业出版社总编办公室
邮　　编：100036